城乡绿地系统关键技术构建丛书/谷 康 主编

绿地景观风貌特色评价及提升策略研究

RESEARCH ON CHARACTERISTIC EVALUATION
AND IMPROVEMENT STRATEGY OF GREEN
SPACE LANDSCAPE FEATURES

赵 峰 周 琦　◎著
朱春艳 谷 康

U0380166

东南大学出版社
SOUTHEAST UNIVERSITY PRESS

·南京·

内容简介

本书立足于城市发展的研究背景、相关概念和国内外理论研究综述,系统全面地对徐州城市绿地景观风貌进行特色评价并提出提升策略。整合城市绿地景观风貌规划的方法,基于系统与系统论,引入城市绿地景观风貌系统,从构成要素、层次分析、类型分析、结构分析、功能分析等方面对城市绿地景观风貌进行详细的解读。然后在此基础上,分析徐州市的绿地景观和宜居建设情况。最后采用科学的景观资源定性、定量分析,总结徐州的特色风貌营建,提出景观风貌发展策略,对未来的城市改造提出展望。

本书适合风景园林及相关专业的高校师生和从事风景园林规划设计工作的人员阅读参考。

图书在版编目(CIP)数据

绿地景观风貌特色评价及提升策略研究 / 赵峰等著.
南京 : 东南大学出版社,2024. 7. --(城乡绿地系统
关键技术构建丛书 / 谷康主编). -- ISBN 978-7-5766
-1510-4

Ⅰ. TU985.1
中国国家版本馆 CIP 数据核字第 20244QA801 号

责任编辑:宋华莉   责任校对:子雪莲   封面设计:王 玥   责任印制:周荣虎

绿地景观风貌特色评价及提升策略研究
Lüdi Jingguan Fengmao Tese Pingjia Ji Tisheng Celüe Yanjiu

著　　者	赵　峰　周　琦　朱春艳　谷　康
出版发行	东南大学出版社
社　　址	南京四牌楼 2 号
出 版 人	白云飞
邮　　编	210096
网　　址	http://www.seupress.com
经　　销	全国各地新华书店
印　　刷	南京玉河印刷厂
开　　本	787 mm×1092 mm　1/16
印　　张	9.5
字　　数	256 千字
版　　次	2024 年 7 月第 1 版
印　　次	2024 年 7 月第 1 次印刷
书　　号	ISBN 978-7-5766-1510-4
定　　价	58.00 元

＊ 本社图书若有印装质量问题,请直接与营销部调换。电话(传真):025-83791830。

前　言

城市景观风貌是指由自然山水格局、历史文化遗存、建筑形态与容貌、公共开放空间、街道界面、园林绿化、公共环境艺术品等要素相互协调、有机融合构成的城市形象。它反映了城市的自然特征、历史文化、社会经济和居民生活方式，是城市的灵魂和个性，也是城市竞争力和吸引力的重要体现。

近年来，随着我国城镇化进程的加快和经济社会发展水平的提高，城市景观风貌问题引起了政府和社会各界的高度重视。中央城镇化工作会议提出"让城市融入大自然，让居民望得见山、看得见水、记得住乡愁"。党的十九大报告强调"绿水青山就是金山银山"，提出我国经济已由高速增长阶段转向高质量发展阶段。自 2017 年 6 月 1 日起正式施行的《城市设计管理办法》对城市风貌建设提出要求："开展城市设计，应当符合城市（县人民政府所在地建制镇）总体规划和相关标准；尊重城市发展规律，坚持以人为本，保护自然环境，传承历史文化，塑造城市特色，优化城市形态，节约集约用地，创造宜居公共空间；根据经济社会发展水平、资源条件和管理需要，因地制宜，逐步推进。"

城市绿地是城市专门用于改善生态，保护环境，为居民提供游憩场地和美化景观的绿化用地。它是城市景观风貌的重要组成部分，也是提升城市生态文明建设水平和居民生活质量的关键因素。

"万里相随何处，看尽吴波越嶂，更向古徐州。"徐州，简称徐，古称彭城，山水相依，地理环境格局极具特色。徐州是汉文化的发源地之一，是汉代王朝的发祥地和都城所在地，有着悠久的文明史和灿烂的文化遗产。近年来，徐州市坚持以文化为灵魂，以生态为基础，以创新为动力，以开放为平台，大力推进城市特色景观风貌建设。通过建设南北历史文化轴线，打响"国潮汉风"品牌和推进"荒山绿化""显山露水"等生态文明提升工程，打造了一批具有地域特色和时代气息的城市名片，实现了徐州从"一城煤灰半城土"向"一城青山半城湖"的华丽转变。

本书旨在对徐州市绿地景观风貌进行特色评价，并提出相应的提升策略。本书包含以下几章：第 1 章主要介绍了本书的研究背景、相关概念解读，以及国内外城市景观风貌研究的进展概况；第 2 章着重介绍了现阶段几种主要的城市绿地景观风貌特征研究方法;第3章从系统与系统论的角度对城市绿地景观风貌做了较为全面的介绍与概述,如城市绿地景观风貌系统构成要素、层次分析、类型分析、结构分析、功能分析等;第4章从城市宜居性角度分析了徐州市绿地景观风貌现状和问题,并选取了徐州部分知名旅游景区景点做出分析介绍;第5章对徐州城市绿地系统景观资源进行定性和定量分析研究,并介绍了徐州城市景观风貌特色营建;第6章简单介绍了城市设计方法在城市景观风貌规划中的应用,总结了徐州城市绿地景观风貌特色,提出了徐州绿地景观风貌提升的策略和措施,并对未来研究提出了展望。

本书是在广泛收集资料、深入调研、反复修改的基础上完成的,力求做到客观、科学、全面、准确。但由于著者水平有限,书中难免存在一些不足之处,恳请广大读者批评指正,以便于我们不断改进和完善。在此,我们向所有为本书的写作提供帮助和支持的单位和个人表示衷心的感谢。

著者

2023 年 8 月

目 录

1 绪论

1.1 研究背景

在城市化进程中，城市的传统文化受到了极大的影响，虽然现代城市的规划与设计为我们提供了丰富的城市形式与空间体验，但是城市的景观风貌却越来越难以体现其特色。不同城市在绿地布局上存在着数量达标但质量不足、绿地景观千篇一律等问题，要真正体现园林绿化的特色，就需要重新进行规划与定位。2018年，习近平总书记到访成都期间提出了"公园城市"的全新概念。以"让人们像在公园里一样生活"为新的发展目标，将其作为指导生态文明城市建设的新理念，对塑造美丽、独特的城市景观形象提出了更高的要求。

城市绿地系统作为一个造就城市特色景观风貌的载体，它的景观风貌是否具有鲜明的特征关系到城市的外在形象和内在品质，并且会对城市的可意象性产生直接的影响。近几年，一些城市根据开展的绿地系统景观风貌规划编制实践，在改善城市景观风貌方面取得了一定的成效，然而，由于规划地位、编制内容、研究方法等方面缺乏政策标准支持，其结果所带来的影响作用是有限的，并没有从本质上改变现在城市"千城一面"的现象。2019年4月住建部发布的《城市绿地规划标准》(GB/T 51346—2019)明确了在城市绿地系统专项规划中编制绿地风貌专业规划并规范编制内容；2019年5月住建部发布的《中共中央　国务院关于建立国土空间规划体系并监督实施的若干意见》提出运用大数据等手段提高规划编制水平，相关专项规划要遵循国土空间总体规划，主要内容要纳入详细规划；2021年7月自然资源部发布的《国土空间规划城市设计指南》(TD/T 1065—2021)提出在国土空间规划编制中采用城市设计的手段，创造优美的居住环境、宜人的空间，以支持国土空间的高质量发展。近几年来，随着一系列的政策和标准相继发布并执行，这就使得绿地风貌规划的编制有了保障，在内容上也有了规范，在方式上更清晰，给高质量绿地风貌规划编制带来了更多发展的机会。

城市绿地景观风貌规划是通过对城市特色和人文资源的梳理,对其进行再定位,以目前和未来的城市形态为指导,以达到既能保持生态环境,又能促进城市可持续发展的目的。

在当代城市中,园林绿地不仅是滋养身心的甘露,更是市民体味城市魅力的一大要素。在如今的发达国家,城市绿地已经由城市社会所必需的生理需求提高到人的自我表现、需求和志向,并进一步上升到了文明社会向自然索取途径的选择,从而使城市园林绿化一跃成为现代化城市景观中最核心的标志,城市绿地在城市的发展中承担着更加多样的功能和职责。随着社会的发展进步和人类生活水平的提高,居民对宜居性城市产生迫切的需要。但人类在营造聚居环境方面面临着越来越多的环境污染、资源枯竭、生态破坏等问题,这些问题已经从区域扩展到全球,形成了全球性的生态环境问题,因此城市绿地的空间结构也需要进一步研究和升级。城市绿地系统的一个重要组成部分是城市绿地景观风貌,它以城市中各种功能的绿地作为城市的象征,通过增加和提升绿地的功能,使其不仅仅是城市游憩休闲的场所,更是文脉传承和城市形象展现的重要载体,从而塑造出更加独特的城市景观风貌。城市的可持续发展需要创造出独具特色的绿地景观风貌,这不仅是自然环境和文化传承相互融合的最佳途径,更是实现城市宜居的重要策略之一。

1.2 相关概念解读

1.2.1 系统论

1.2.1.1 系统思想兴起

系统思想是一种整体分析方法,它的重点是系统组成部分相互关联的方式以及系统如何在更大的系统环境下工作。系统思想认为,世界上任何事物都可以看成一个系统,系统是普遍存在的[1]。系统思想可以帮助我们把握事物发展的规律,解决复杂的问题,优化系统的结构和功能。

系统思想的产生和发展有着悠久的历史。早在古希腊时期,就有哲学家提出了"万物皆数""万物皆一"的思想,这是对系统思想的最早探索。到了近代,随着科学技术的进步和社会问题的复杂化,人们开始从不同的领域和角度探讨系统思想。例如:生物学家贝塔朗菲提出了"整体论";数学家维纳提出了"控制论";物理学家玻尔提出了"互补原理";哲学家怀特海提出了"有机体论";等等。这些思想都为系统思想的形成和发展奠定了基础。

20世纪中期,随着计算机技术和信息技术的发展,人们开始从跨学科和综合性的角度研究系统思想。1948年,美国数学家维纳在《控制论——或关于在动物和机器中控制和通信的科学》一书中首次提出了"控制论"这个术语,并将其定义为"对动物和机器中进行信息传递、控制和调节的科学"。1954年,美国科学家伯特兰·拉塞尔在《通用系统理论》一书中首次提出了"通用系统理论"这个术语,并将其定义为"对一切具有组织性、结构性、功能性、动态性、目标性等特征的事物进行研究的科学"。1956年,美国科学家阿什比在《自适应系统》一书中首次提出了"自适应系统"这个术语,并将其定义为"能够根据环境变化而改变自身结构或行为的系统"。这些理论都为系统思想的发展奠定了基础。

从20世纪后期至今,随着人类社会进入信息时代和全球化时代,人们面临着越来越多的复杂问题和挑战,需要运用系统思想来进行分析和解决。例如:在经济领域,人们运用系统思想来研究经济增长、经济周期性变化、经济危机等现象;在管理领域,人们运用系统思想来研究组织结构、组织文化、组织变革等相关问题;在教育领域,人们运用系统思想来研究教育目标、教育内容、教育方法等方面;在生态领域,人们运用系统思想来研究生态平衡、生态危机、生态文明等议题;在社会领域,人们运用系统思想来研究社会结构、社会变迁、社会问题等方面。这些都表明了系统思想在当代社会中的重要作用和应用的广泛性。系统论为不同学科的研究提供了新方法、新思路,推动本学科的理论研究不断深化,并为其引入城市风貌研究打好了基础。

1.2.1.2 系统与系统论的内涵

系统是指由若干要素以一定结构形式联结构成的具有某种功能的有机整体[2]。系统可以有不同的类型、层次、规模和状态,例如有自然系统、人工系统、社会系统、开放系统、封闭系统、平衡系统、非平衡系统等。系统的特点是具有整体性、关联性、等级结构性、动态平衡性和时序性等。

系统论是一门研究不同类型和层次的系统的共同特征和规律的科学。它把研究对象看作由多个相互联系的要素组成的整体,分析系统的结构、功能、行为和目标,以及系统与环境之间的相互作用。贝塔朗菲将系统界定为一个由多个元素构成的、相互作用的、与其所处的环境相关联的、相互影响的、与之相关联的一个整体。贝塔朗菲认为,任何一个系统都是一个有机的整体,它不是机械的结合,也不是简单地将各部分进行叠加,它的整体功能是每一个元素在独立状态下不具有的性质。

1.2.2　城市绿地系统

城市绿地系统(urban green space system)是由城市中各种类型和规模的绿化用地组成的具有较强生态服务功能的整体。广义的城市绿地系统就是城市植被,包括城市范围内一切人工的、半自然的以及自然的植被,既有陆生群落,也有水生群落[3]。狭义的城市绿地系统主要指城市规划区范畴内各类城市绿地所组成的绿地系统,例如公园、广场、街道、小区绿化等。现有的城市绿地包括五大类绿地——公园绿地、防护绿地、广场绿地、附属绿地、区域绿地。

就城市规划学相关理念来看,城市绿地系统是立足于城市规划区的范畴,兼备规模、质量的多样化城市绿地之间发生"物理反应"而形成的绿色有机整体[4]。换言之,就是由不同类型、不同性质、不同规模的绿地之间的联系,形成了一个可持续、稳定的城市绿色环境体系。

1.2.3　城市绿地景观风貌

1.2.3.1　城市景观

城市景观的实质就是城市风景的美学特性,可以是整体性,也可以是局部性,更可以是某个特定景观的美学特色。

综合考虑,从其实质含义和派生含义来看,城市景观不仅包含城市的视觉本体,而且包含受人类活动影响的有形物体。可以将它定义为视觉美学的客体,即一个城市的物质元素,具有很好的视觉意向。城市景观包含天然景观和人造景观。

(1)天然景观。

围绕着城市的天然景观和城市的自然景观。

(2)人造景观。

城市的人造景观和人文景观。

1.2.3.2　城市风貌

城市风貌,简而言之,就是城市抽象的、形而上的形象和具体的、形而下的形象。城市风貌规划是利用城市设计的手段,对其组成要素进行综合规划,形成具有鲜明特征的城市风貌。风貌中的"风"是社会文化、民俗、戏曲、传说等方面的综合反映;"貌"是一个整体的环境和硬件特性的综合体现,它是一个城市的有形与无形的空间,是"风"的载体,二者相互补充。

具体而言,城市风貌指的是由天然景观和人造景观等城市中的景观所体现出来的城市环境特点。城市风貌是城市整体的特征的体现,它包含着社会、经济、文化、生活等方面的特点。城市风貌研究可划分为三个层次,分别是景观风貌、历史文化风貌和人文风貌研究,其中对城市景观风貌的研究是更为重要的内容。

1.2.3.3 城市景观风貌

从"城市景观"和"城市风貌"两个概念的定义来看,这两个概念是相辅相成、互为补充的。城市景观以视觉和美学为主,倾向于外在表现;城市风貌注重整体的感觉。但两者都需要通过良好的物质环境来体现城市的人文文化,将它们有机结合便形成了"城市景观风貌"的概念。

城市景观风貌的内涵与时代、地域、文化性等因素有着紧密联系,在不同的历史阶段,其内涵也各不相同,至今还没有一个关于城市景观风貌完整、精确的概念。蔡晓丰[5]的观点是城市景观风貌是指所有的天然或人工景观,反映了都市的文化与生活特点;唐源琦等[6]在此基础上,明确提出除了自然山水格局、公共绿地系统之外,城市景观风貌还应考虑空间形式的审美特征;张继刚等[7]进一步提出,景观风貌还应包括历史精神和人文精神;吕斌等[8]认为,"景观风貌"是一座城市的形象和面貌,它是"自然环境""历史传统""现代风情""精神文化""经济发展"等多个层面的综合表现;高梦薇等[9]提出了以"公园城市"概念为依据的景观风貌立法,对界定景观风貌的内涵具有重要参考价值。

总之,在这些不同的意见中,隐含着一种比较普遍的理解,那就是将城市的景观风貌分为显性的物质形式(即"景"与"貌")与隐性的非物质形式(即"观"与"风")。城市景观风貌指的是城市的自然过程、历史文化过程和当地居民的社会经济活动所共同形成的一种形式上的综合反映,它是作为视觉景象、作为系统和文化的象征的综合表现。而城市景观风貌规划是将提升城市空间环境、营造良好的空间秩序作为基本目标,与城市文化形态及物质形态两方面的要素结合,让抽象的文化形态与具象的物质形态结合,以一种综合、全面、直观的方式展现出一个城市的整体风采面貌,为城市打造优美视觉空间形象而努力,创造宜居、易居的现代城市[10]。

1.2.3.4　城市景观风貌的功能

（1）提升城市环境质量。

城市环境对于人们的身心健康起着至关重要的作用，因此，城市景观风貌营建的主要作用就是改善城市的环境质量[11]。城市景观风貌规划是将人文景观元素、自然景观元素等不同的城市景观元素有机地组合在一起，创造出一个令人身心愉悦的生活工作环境，来满足人们对环境的使用需求。环境的改善与城市质量的提升，使得人们对城市的归属感越来越强，对自己所居住的城市也有了认同感与依赖感，在精神层面上，城市整体景观风貌也有了明显的提升。

（2）平衡城市综合规划。

现阶段，人们对于物质生活水平的需求要大于精神需求，而在城市总体规划中，城市的社会、经济与空间等的综合平衡更受关注，于是在这种规划模式下，各个城市的整体发展偏重于一体化，但是很少有人关注怎样将城市的自然与文化资源进行整合，使之与城市空间载体相互作用以反映出城市自己的文化特色。而城市风貌规划则是对总体规划的补充与完善，同时也是对详细规划的引导。

（3）继承文化、延续文脉。

历史与文化不仅是城市活力与魅力的来源，而且是城市特色形成与发展的灵魂所在。城市风貌规划是把城市文化内涵融入城市立体空间形态中，以提高城市整体环境质量，继承和推动城市文化的发展和进步。

（4）彰显个性、突出特色。

城市的特色是其文化的核心，是其魅力的源泉。风貌规划是通过对城市的细致调研，对城市的自然特点、发展动力、历史文脉、人文精神等要素进行细致的分析与综合，并将其融入规划体系中，最终形成一套别具一格的体系。

1.2.3.5　城市景观风貌的特征

（1）历史性与特色性。

城市景观风貌是城市历史发展的结果，反映了城市的历史文化底蕴和传统特色。例如，北京的城市中轴线、西安的明城墙、丽江的古城等都是历史性城市景观风貌的典型代表。同时，城市景观风貌也是城市个性和魅力的体现，展示了城市的独特风格和形象。例如，张家界的石峰林、桂林的山水、杭州的西湖等都是特色性城市景观风貌的典范。

（2）引导性与指导性。

风貌规划是城市发展政策方针的部分规划,是城市空间的形态框架、用地景观分区布局及微观环境意向的引导与设想,它具有对宏观的整体空间格局的指导性作用及对微观环境与精神文化层面的引导性特点。

（3）长期性与连续性。

城市风貌会随社会经济变化而发生变化,城市风貌规划就是在这之中表现出来的一种风貌的变化和改善的规划,是通过具体的分析、修正和改进来实现的。

（4）创造性与协同性。

城市风貌是人们以对具体环境形象的认知为基础产生的感觉,其并不具有一成不变的美学标准,它应该在提倡创新的基础上符合现代社会的美学要求,并充分与地域文化元素结合,在各要素作用下,最终形成为人们所认同的风貌特征。

1.2.3.6　景观风貌规划与绿地系统的关系

城市绿地系统是指由不同类型、不同性质、不同尺度的绿地组成的在城市建设或规划区域内的绿化系统。城市绿地系统规划通过定性、定位和定量的统筹布局,使绿地具有合理的规划,进而提高城市的生态环境、保护生物多样性、为居民提供休憩条件。

城市绿地系统与城市绿地景观风貌的不同之处:一是在规划方面城市绿地系统把重点放在了绿地体系的网络性和合理性上,而城市绿地景观风貌则是基于人对城市绿地网络的感知进行规划设计,注重绿色空间的精神文化和舒适性;二是组成因素方面,城市绿地景观风貌更加关注城市绿色空间中的人文因素。一座城市的绿地系统设计得好不代表它的绿地景观风貌就好,只有城市绿地系统合理规划,才能更好地对城市景观风貌进行规划,进而更合理地指导城市的绿化布局。

因此,塑造城市特色景观风貌的一个重要基础就是城市绿地系统的规划设计,其有特色与否直接关系到城市的整体形象和质量。在当前的形势背景下,相关部门出台的一系列的政策和标准,对城市绿地风貌规划进行了定位,对其内容进行了规范,对其所用方法进行了明晰,为其高质量编制创造了条件,对城市景观风貌的提升大有益处。

1.3　国内城市绿地景观风貌相关研究综述

1.3.1　理论研究进展分析

我国从 20 世纪 90 年代就开始对城市景观风貌进行研究,其间,城市景观风貌的规划多以宏观的引导和营造手法为主。

根据中国知网学术期刊出版总库的统计,1990—2022 年,以"景观风貌"作为关键词进行检索,结果显示为 1 004 篇文献。从图 1-1 中可以看出,近 30 年,相关的学术论文数量总体呈逐年递增的态势,说明了当前城市景观风貌的研究越来越受到学者的重视。从可视化检索结果中的关键词分布情况来看,主要集中在理论研究、国外经验借鉴、区域综合研究和实践实证研究四个方面,其研究成果具有显著的阶段性(图 1-2)。

图 1-1　国内年度研究论文发文量

图 1-2　国内文献内容占论文数的比例结构

（来源:作者自绘）

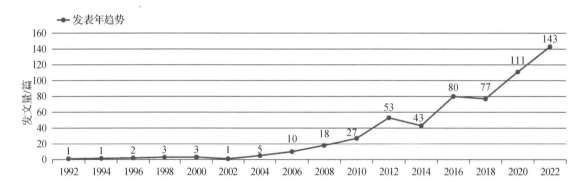

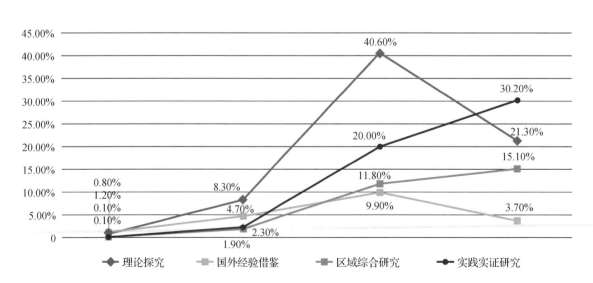

第一个时期为 1990—2000 年,主要侧重于理论研究和借鉴国外经验。在这一时期,发表的论文数量很少,只占这个方向的 0.8%,学者们基于北美、大洋洲等地区对保护建筑、传统居住建筑、老街区、废弃土地等历史空间的规划,对北京、成都、郑州、上海等地进行了一些思考。

第二个时期为 2001—2010 年,其间,国内对景观风貌规划的研究呈上升趋势,论文数量逐年增加,所占比重从前一时期的 2% 增加到了 11.6%。这一阶段,人们从多个视角探讨了当前城市风貌、存在的问题和解决的方案,并试图将景观风貌规划与生态理念、城市设计方法有机地融合在一起,从而建立起一个综合的城市景观风貌规划系统,并提出了相应的控制策略。此外,目前学术界对城市风貌的评估主要是从定性的角度进行的,多数是从宏观的角度,或者从自然环境、建筑风貌、开放空间等方面来进行定性的评价,而实际的研究多集中在单个因素的控制上。

第三个时期为 2011—2022 年,我国的景观风貌规划日趋成熟、综合化,出现了定量、系统化的研究方法,同时,随着研究理论也逐渐成熟,许多城市已经开始了景观风貌规划的实践,其重点是从物质空间、生态空间和地方文化三个方面着手,对城市中的景观风貌要素进行界定,从而形成景观风貌管控体系。

1.3.2 景观风貌立法规制和实践进展分析

目前,国内关于景观风貌的法律法规主要为《历史文化名城名镇名村保护条例》及地方的《园林绿化条例》等,在规划方面尚未将城市景观风貌规划纳入国家的规划编制中。但是,随着对城市风貌的关注程度的提高,全国各地的城市都开始进行城市风貌规划。由于中央立法难以适应各地区的地域特点,而城市设计尚未列入法定规划,因而对城市景观风貌的管理总体上还存在着管理不足的问题。

2023 年新修订实施的《中华人民共和国立法法》明确了设区的市可以对"城市建设、管理、保护环境、保护历史文化"等方面的事项制定地方性法规,这大大促进了全国范围内对景观风貌的立法工作。2014—2016 年,青岛、威海等地就制定了城市风貌保护条例,《城市风貌保护规划》也得到了法律的认可,使各个地区的景观风貌得到了全面的保护;《浙江省城市景观风貌条例》是我国首部关于城市景观风貌的法规;《成都市城市景观风貌保护条例》是我国迄今为止仅有的一部关于城市层面景观风貌的法规,它也是成都市在打造宜居公园城市领域的第一部法规。

当前,我国实施景观风貌规划的主要途径有两种,一种是地方规章,另一种是单独的规划。例如,山东临沭进行的城市景观风貌规划中,根据城市环境以及城市的自然条件和城市的空间分布形态,将其划分成七个区域,各区域的功能特征及其在空间上的关联密切,并且还对色彩、空间组合、植物、高度控制、街道家具等五大关键因素进行了详细的控制;又比如,南昌市的城市景观风貌规划提出了"具有悠久历史的滨江花园"这一理念,并在此基础上,结合不同的现有资源,提出了"彩色南昌"的构想。在城市总体规划的基础上,优化城市水系,构建滨河生态走廊,以"一轴""一环""一链""八区"为规划思想,对"多廊"绿化子系统进行调整,使其成为点、线、面相结合的绿化系统。

1.4　国外城市绿地景观风貌相关研究综述

1.4.1　理论研究进展分析

采用 ScienceDirect 中的高级检索,选择"Abstract,Title,Keywords"为检索项,在此基础上,检索的时间区间还设置为 1990—2022 年,按照国外对城市风景的定义,以"Landscape Characteristics"为搜索关键词,共检索出 523 篇相关文献,7 个图书章节;然后用"Landscape Pattern"进行搜索,发现 1 049 篇相关的文章,7 个图书章节(图 1-3)。国外的城市景观风貌研究大致可以分为四个方面,分别是:理论研究、国外经验借鉴、区域综合研究和实践实证研究也具有显著的阶段性特征(图 1-4)。

图 1-3　国外年度研究论文发文数量
(来源:作者自绘)

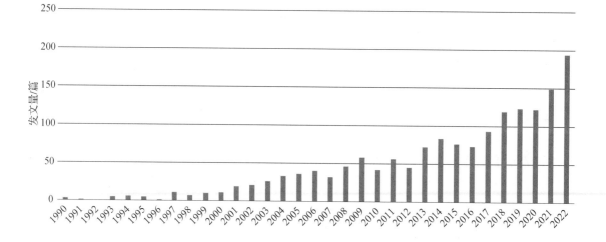

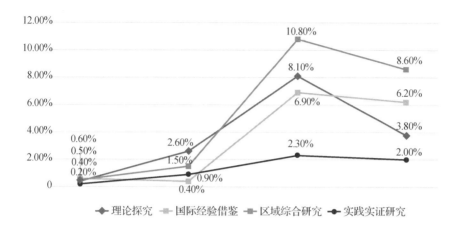

图 1-4 国外文献内容
占论文数的比例结构
（来源：作者自绘）

第一个时期为 20 世纪 90 年代到 2000 年，在国外城市景观设计中，以实证研究为主。在此阶段，许多国家对城市景观风貌进行了改造。欧洲各国大都注重保护城市特色，例如：英国战后的"保护区"计划，保存了部分关键历史节点；法国以统一建筑的体量、布局、形式等为手段，实现整体的和谐统一；而美国、澳大利亚和加拿大等国则更重视城市特色的现代化，其主要表现为建筑风格、城市布局规律性等。

第二个时期为 2001—2022 年，主要侧重于理论探讨与区域综合研究，占本学科总研究的 32.5%。总体上，国外对景观风貌的理论与地区综合研究集中在四个方面。第一个方面，从人的多个维度的知觉层次出发。国外关于城市景观风貌的研究多集中在视觉感知上，例如城市景观的视觉识别，但并不限于此，许多研究还从听觉、环境热舒适度等角度对城市区域景观、城市声景观、城市热环境等方面进行了定量分析。第二个方面，从城市景观的内部形态格局的角度来探讨。从社会、经济、资源、人文、风俗等角度对城市景观风貌的影响进行了分析。近年来，国外学者对景观风貌形态、景观格局的演变进行了系统的研究，并对其进行了系统的研究。第三个方面，对城市景观风貌的变迁过程、相关因素的相互影响、特定历史阶段的历史变迁结果（如数据库的构建）等方面进行了探讨。第四个方面，探讨景观风貌的法律规制与管理。国外也有不少城市制定了控制景观风貌的法规，如莫斯科规定在城市开发与建设过程中，应特别注意不要对文物建筑与历史街区的原貌造成破坏。

1.4.2 景观风貌立法规制和实践进展分析

与国内相比，国外关于景观风貌的立法比较早，例如法国、日本等国家就是其中的代表。日本于 2004 年颁布的《景观法》以都市园林为主要对象,该制度对园林管理的基本理念、各方责任进行了界定,赋予了园林管理的自治权。《景观法》在实践中对由风景行政自治组织自行编制的景观规划实施提供了法律保证。法国的《风景园林法》于 1993 年颁布,涉及风景名胜区的保护和增值,以及建筑、城市和风景名胜区的保护。到 2019 年为止,已经有 39 个国家签署了《欧洲风景公约》,这些国家为了维护其景观的完整性,已经采取了立法的措施,或者已经做好了这样的准备。

1.4.2.1 日本景观风貌相关法律

日本从明治维新开始,先后颁布了一系列的《都市计划法》《自然公园法》《古都保存法》等单行法律,来保障景观风貌的合法权益。进入 21 世纪后,日本的旅游产业开始蓬勃发展,日本也逐渐认识到,在保留原有的风景资源的同时,如何塑造独特的风景以体现当地的特色,成为一个亟待解决的问题。日本针对这一问题先后颁布了《施行〈景观法〉时修改相关法律》《景观法》《都市绿地保全法的部分修改法律》(简称"绿三法")。

日本以现有的单行法律规范为依据,将立法目标由保护扩展到景观塑造,形成包括自然、人文景观风貌保护与塑造的综合性法规。

日本"城市风景的基本计划",对现有的风貌资源进行了合理的保护、分类,同时,在规划建设中突出区域文化和现代文明,强调人与自然和谐相处的理念。日本景观风貌规划的主要特征是挖掘和开发当地的特色资源,将其保护和利用起来,既要保护,又要提高旧楼的设施环境,改善居住条件。

1.4.2.2 法国景观风貌相关法律

20 世纪 90 年代之前,法国通过制定《历史文物古迹法》《山岳法》《海滨法》《建筑法》《地方分权法》等一系列单边的法律和法规来控制景观风貌的相关内容。1993 年,法国颁布了《领土发展与规划指导法》和《风景园林法》,并发布了一系列相关文件,如《创建风景园林国家委员会决议》。一方面,对需要突出风景价值的地区进行立法界定;另一方面,通过制定相应的政策文件和"一项工程一方案"的管理体系,使景观风貌的精细化管理水平得到了提高。

1.4.2.3 英国景观风貌相关法律

英国的法律在英美法系中具有代表性,但在其早期,景观风貌保护的法律体系并未形成一套完整的、全面的、统一的立法规范,而是采取了以目标为中心的控制手段来控制景观风貌。后来又出台了《城市文明法令》,着重强调具有重要意义的建筑物和历史遗迹,以确保外观不会改变,并能突出它的特点。从那时起,英国国会通过了包括《城乡规划法》在内的一系列法律法规,对英国风景名胜区的规划控制进行了全面的规范,并逐渐建立起了各个部门法的协调统一的景观风貌保护法律制度。

实际上,英国实行了对城市景观风貌的管制:英国的城市特色是通过制定详尽的法律来保护历史遗迹、历史建筑和保留地。意大利的法律定义很清楚,根据法律,制订景观保护计划是一项必须完成的任务,因此,意大利各个地区的景观规划都得到了切实的落实,景观的公共性得到了清晰的体现,环保工作也得到了由"点"向"面",再向"区域"的跨越。

通过对国外城市景观风貌规划和实践的回顾,可以看出,各国的发展与进步都离不开相关的法律法规。在国外,城市景观风貌规划已经经历了很多年的发展,规划方法、管理体系都已经比较健全;但是在国内,这方面的发展还比较缓慢,当前各种规划数量众多,而且参差不齐,还没有形成一个统一的标准。因此,在吸取国外规划研究经验的同时,还需要对其进行深入的研究与探索。

1.5　国际研究进展分析

1.5.1　景观风貌法规制定与管制体系尚不完善

当前,国内外关于景观风貌管理的法律制度尚不完善,主要存在的问题:一是目标模糊,缺少规范,执行困难;二是过分细化,缺乏一般性;三是缺少中央和地方各部门的协调,比如,英国、法国、日本等国起初采取的各自为政的单行法,分割了不同部门的责任,加大了统一执法的难度;四是缺乏对法律控制和社会引导的协调,对城市景观风貌管理的立法目标"不是制定城市景观风貌保护规划管理的技术标准",而是不仅对核心空间的控制进行加强,更重要的是建立起全民保护意识。

1.5.2　景观风貌理论体系建立滞后于实践实证

城市景观风貌理论体系的构建是一个长期的过程。在城市景观风貌的长期实践中,专家、规划者必须探索城市风貌变迁的规律,并将其与实际经验结合。1990—2000年,理论研究的数量只有实际研究的6.1%;到了2000年以后,理论研究数量才与实际研究数量相持平。相比之下,我国景观风貌的研究起步比较晚,许多文献都是把国外风景园林的理论"搬"到国内进行研究。我国景观风貌理论研究数量多于实证研究,2001—2010年,景观风貌理论研究的数量比实践研究多了一倍。但从内容上看,这些研究对国内城市、乡村风貌规划的指导意义不大。2011年以后,越来越多的学者将城市景观风貌的研究与实际结合,有关实践经验的文章也随之增多。然而,我国目前在有关方面的研究缺乏精确的定量数据,在理论上还存在着较大的差距。另外,学术论文出版周期较长,对城市景观风貌的研究滞后于实际情况,很难在实际中起到指导作用。

1.5.3 景观风貌规划重点偏宏观

学者曹胜威在其《面向管理的城市景观风貌规划编制探索》一文中指出,目前的景观风貌规划多把城市看作一个整体,而忽略了中微观层面的考量,只从宏观层面建立总体框架,以至于总体上的规划意图不能得到充分的体现,因而不能有效地控制城市的风貌与景观格局。刘婷婷、戴慎志[12]等也指出,近几年来,景观风貌规划的成果大多是"蓝图式"地描述都市空间,往往缺乏对规划与管理的直接指导。方豪杰[13]和其他学者指出,目前的大部分城市景观风貌规划都是使用描述性的文字来描述城市的整体形态、风貌分区和建筑风格意图,这使得城市管理者很难找到一个合理的尺度来指导城市的建设。此外,目前国内的城市风貌规划成果还停留在图纸和文字上,许多模糊的"协调""统一""一致"等定性分析很难落实。

1.5.4 景观风貌规划程序缺乏公众参与,认同感低

在《加强城市风貌规划管理,促进新型城镇化可持续发展》一文中,学者尹仕美、刘鹏程提出,当前城市风貌规划管理总是忽略其"社会精神和职责"以及文化精神层面,只是将重点放在对城市物质形态的外在控制,导致了规划成果同质化、实践性差等问题。本书认为,缺乏深入的分析和认识,缺乏"温度"和"柔性"的公共参与,导致了我国当前的城市景观管理面临的困境。有的学者则认为,以往的城市

景观风貌规划缺乏各个阶层的参与，或参与程度有限，多数是有限参与、事后参与、被动参与和形式参与，造成对城市景观风貌规划的认同感较差，规划结果难以落实。

1.6 国际研究对于国内城市景观风貌规划研究的启示

1.6.1 健全法制法规，强化规划设计引领，统筹部门职责

首先，对景观特征进行界定，细分景观风貌要素，并对其进行重点保护区域划分，在确保其可落地性的基础上，加强对其价值的重构，坚持城市设计法定化，完善规划管控与立法的衔接机制。其次，加大对景观布局的控制力度，编制景观特色的专项规划，把园林城市的理念融入其中，形成一个系统化的整体框架；明确规划的目标与主体，在此基础上，确定整体规划的核心，确立景观风貌的法制保障。最后，有关部门要坚持"公共为先"，强化相关政策文件和法规的衔接，完善城市景观风貌的规划和管理体系，建立全程管控、鼓励全民参与的工作机制。

1.6.2 科研与实践结合，提出前瞻性规划

从理论上讲，城市景观风貌规划应该是政府规划部门、专家学者、主导企业和居民共同参与的，但是实际情况却是从上到下的。有些政策制定者依据传统的规划经验，参考以往的学术研究结果，所制定的规划策略往往不能与当地的实际发展状况相适应，甚至与现实的风貌实践相违背。在规划前期，要充分利用实地调研和前沿规划理论，制定具有建设性、具有远见的规划战略；在执行期间，根据当地实际情况，制订相应的调整计划；在规划完成后，对项目的实施情况进行评价，总结项目的成功和失败经验，为今后的城市景观设计提供依据。同时，对城市景观风貌的影响因素进行分类与统计，运用相应的计算方法，对未来的城市景观风貌发展做出大胆的预测，并根据不同的发展环境做出前瞻性的规划。

1.6.3 基于城市绿地系统建立层级清晰的规划体系，增强管控的科学性和量化程度

第一，从宏观到微观层面构建景观风貌规划体系。城市风景风貌规

划采用"条块结合"的规划方法,其可渗透到城市规划的各个环节,而每一步都可以划分为几个具体的计划。通过对城市现有的城市绿地体系规划模式的研究,其规划层面可以划分为城市总体规划、控制性详细规划和建设性详细规划。城市风貌规划要与规划审批、验收、执法等有机地结合起来,规划结果的定量化是其最大的难题。

第二,在《面向实施的城市风貌规划编制体系与编制方法探索》一文中,戴慎志、刘婷婷等对景观风貌控制的量化措施进行了较为详尽的论述,并针对难以量化的因素,提出了可操作的建议。应改变现有成果仅限于文字说明的缺陷,强化"量化管制"条款与景观效果的展示,利用现代地理资讯技术与手段、数理统计模型,对城市景观风貌进行合理、合理的量化分析,以提升工程管理的时效性和参考性。

1.6.4 完善编制规划过程中多方参与的机制

1.6.4.1 鼓励公众参与编制

必须要赢得公众的认可,才能使城市景观风貌设计真正体现地方特色。有学者提出,城市景观应该与人建立起一种相互交流反馈的机制,由此增强人们对城市的认同感与归属感,进而增加城市景观设计的可操作性。学者尹仕美指出,当前的城市风貌规划管理过分强调"物化"的形态控制,而忽视了城市风貌文化的产生,因此,需要在规划实施和管理阶段,打破听证的形式,完善公众参与机制,让与之相关的利益者积极参与意见指标的制定[14]。

1.6.4.2 管理单位参与编制

规划编制应当与规划主管机关内部建立紧密的沟通渠道,以确保规划的全面性和有效性,由他们直接参与,根据自己的管理职能来提供意见和建议,可以避免"闭门造车",从而更好地适应规划实施和管理的实际需求。

1.7 研究框架

本书总体研究框架见图 1-5。

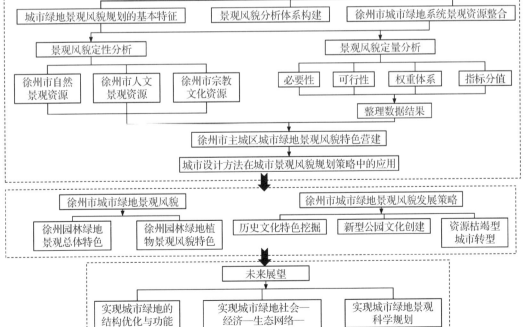

图 1-5 总体研究框架

（来源：作者自绘）

2 城市绿地景观风貌规划研究方法

2.1 绿地景观风貌规划研究方法

城市绿地景观风貌特征研究的现状是一个涉及多个学科和领域的综合性课题,研究主要涉及城市绿地的空间格局、生态服务功能、定量评价方法、植物配置结构与土壤基质等方面。目的是提升城市的外在形象、展示城市的内在人文精神、优化城市的生态环境质量、满足居民的休闲需求等。

城市绿地景观风貌特征研究的方法主要有使用遥感技术、GIS 技术,进行景观指数分析、CiteSpace 可视化分析等。发展方向是注重创新、协调、人本和地域性的原则,结合城市的实际情况和发展需求,构建科学合理的城市绿地系统。

我国的城市景观风貌问题多是根据《中华人民共和国城乡规划法》提出的,其中涉及对国家历史文化名城保护规划的内容。总体而言,我国关于城市景观风貌的理论探讨主要有以下几个方向:

2.1.1 基于系统论的城市景观风貌规划研究

2.1.1.1 定义

基于系统论的城市绿地景观风貌规划就是以系统论为理论依据,在不同阶段引导规划,逐步调整结构,使之达到一个平稳的状态。根据对城市绿地景观风貌系统以及系统论方法原理的认知,其方法论主要是在不同阶段中从多个方面对城市进行绿地景观风貌规划,具体如下(图 2-1)。

(1)从整体出发——分析与综合相结合。

系统最明显、最根本的特点就是整体性,系统整体性原理是指整体的相互作用,整体大于各部分之和,并非简单相加。系统的整体与部分是相互依存、相互影响、相互制约、相互促进的。整体决定了部分的存在和发展,部分又反作用于整体,影响整体的变化和发展。因此,在城市景观风貌规划研究中,既不能忽视整体对部分的制约和指导,也不能忽视部分

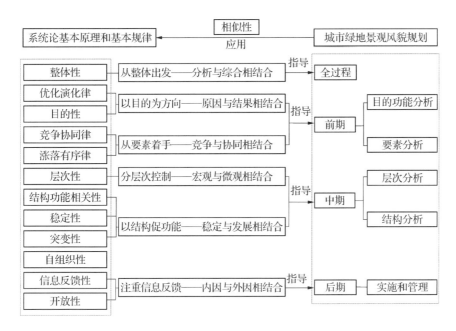

图 2-1 基于系统论的城市绿地景观风貌系统规划指导方法
（来源：作者自绘）

对整体的贡献和反馈。要在保持整体性的前提下，充分发挥部分的特色和潜力；要在尊重部分的差异性的基础上，实现整体的协调和统一。这就要求我们在城市景观风貌规划研究中，既要有一个宏观的视角和全局的思维，也要有一个微观的视角和局部的思维；既要有一个静态的视角和结构的思维，也要有一个动态的视角和过程的思维；既要有一个客观的视角和事实的思维，也要有一个主观的视角和价值的思维。

从整体出发，意味着要把握城市系统的总体特征和规律，认识城市系统的结构、功能、行为和目标，以及城市系统与环境之间的相互关系和影响。分析与综合相结合，意味着要把城市系统划分为不同的层次和区域，对每个层次和区域的景观风貌资源进行详细的调查和评价，找出城市系统的优势和问题，提出合理的设计原则和控制要求，构建科学的规划方案和管理措施。从整体出发，分析与综合相结合，是一种系统思维和系统方法，它能够有效地解决城市景观风貌规划研究中的复杂性、不确定性和多变性等问题。

（2）以目的为方向——原因与结果相结合。

在规划中，目的具有两个特点：一是当系统已经达到期望的状态时，试图维持其原有状态的稳定性；二是如果一个系统并没有达到它想要的状态，它就会向目标状态转变。目的的确定是一个牵动全局的工作，是一个长期的、全局性的构想，它将影响并决定整个城市的风貌。城市绿地景观风貌规划是一个贯穿城市风貌规划全阶段的必要工作，每一个阶段所体现出的目标也不尽相同：对于一座具有良好生态环境的城市，其目的是维持城市良好的现状；对于风貌模糊的城市，其目的则是使风貌从模糊走向清晰；对于风貌老旧的城市，其目的就是设计出一种适合城市发展趋势的城市绿色景观风貌；对于风貌不良的城市，其目标是对景观薄弱处加以改造。因此，城市不同景观风貌的规划改造的侧重有所不同，但总体目标是相同的，也就是实现城市绿地景观风貌系统的优化，具体内容包括优化城市绿地空间形态、合理安排城市绿地、保障生态环境的可持续协调发展、传承延续不同城市的人文精神文化、促进社会经济的发展等[15]。

绿地风貌特色鲜明的城市，往往具有鲜明的个性和魅力。那些能够建设出特色风貌的城市的经验通常是值得借鉴的。但是，如果只借鉴而不创新，那么就会导致"千城一面"，失去了自己的特色。要制定动态的目的，提出有特色的理念与想法，在面对实际情况变化时及时做出调整，而不只是喊口号、提原则。功能目的有理性目标与情感目标之分，城市绿地景观的基本条件与概况会在较大程度上决定风貌规划中的目的。理性的目的强调秩序与整体性，是具有浓厚人文气息的都市所缺乏与追求的；而感性目的则强调可辨识性、本土化，文化气氛相对淡薄或遭到严重破坏的城市迫切需要对其进行补充。

（3）从要素着手——竞争与协同相结合。

系统的组成要素之间相互作用使其具有层次、结构和功能，系统内部各要素之间，既有表现出竞争因素的个体差异性，又有表现为协同因素的整体统一性。在这一过程中，相互间的竞争会引起系统内部的波动性，从而导致系统内部对物质、能量和信息的获取不平衡。当某些子系统打破现有的稳定状态并获得其他系统的响应后，波动就会被放大，由原来的波动竞争转变为新的稳定合作，从而使系统进入新的稳态，这也是系统学中的一个重要规律——涨落有序律[15]。在新的协同集成状态中，会产生新的竞争波动，从合作协同产生新的竞争，又从新的竞争走向协同稳定。一个系统的发展与演变，就是在这种相互对立与转化的过程中进行的，这就是系统的竞争协同律。

（4）分层次控制——宏观与微观相结合。

系统的层次性是指在系统内部要素之间纵向联系差异中的多种共性。层次不同职能也就不同。下层系统中各元素的联结程度越高，其稳定性越强；上层体系中各元素的联结程度越弱，其弹性越大。从更大的弹性向更大的确定性转变，要求分层次的控制。

城市景观风貌规划任务可分为宏观、中观与微观三个层次来进行。

宏观层次确定城市绿地景观风貌目标,确立各个景观风貌结构;中观层次主要是景观风貌区、景观风貌轴线等构架载体的规划;微观层次为最小的一层,其确定性最高,包含每一个特定的绿地景观要素的规划指导规范。微观层次是最直接快捷的任务层,但是其却要在宏观与中观层次的指引下进行并体现。因此,城市景观风貌规划需要分层次控制,实现宏观微观相结合。

（5）以结构促功能——稳定与发展相结合。

在城市景观风貌规划的研究中,结构与功能的关系始终占据着核心地位。结构,作为系统内各个组成要素之间相对稳定的联系方式、组织秩序及其时空关系的内在表现形式,它是系统稳固的基石,为系统的运行提供了基本的框架。而功能,则是系统在与外部环境相互联系与相互作用中展现出来的性质、能力与功效,它是系统对外界环境的响应和适应,是系统活力的体现。

在城市绿化景观设计中,稳定性与突发性都是我们必须考虑的重要因素。稳定性,意味着系统在一定时间内能够保持其结构和功能的相对不变,这对于维护城市绿化景观的持久魅力至关重要。然而,城市的发展和环境的变化常常会带来突发性的挑战,这就要求我们在保持稳定性的同时,也要具备应对突发性的能力。

当绿地景观的结构显得杂乱无章,与美化城市风貌的功能背道而驰时,我们必须果断地对其进行调整。这种调整不是简单的修补,而是要在深入理解系统结构的基础上,进行有针对性的优化,使之更好地服务于功能。只有这样,我们才能在保持系统稳定性的同时,实现功能的提升。

（6）注重信息反馈——内因与外因相结合。

城市绿地景观风貌系统作为一个复杂的自组织系统,具有自我调节、自我修复和自我发展的能力。在规划过程中,应充分尊重系统的自组织性,通过合理的布局和设计,激发系统的内在活力,促进各要素之间的协同作用。同时,要注意避免过度干预和破坏系统的自组织性,保持系统的稳定性和可持续性。同时注意信息反馈机制,它可以帮助我们及时了解规划实施的效果和存在的问题,从而对规划方案进行调整和优化。具体来说,可以通过建立监测评估体系、开展公众参与和意见征集等方式,收集来自系统内部和外部的反馈信息。

在注重信息反馈的同时,开放性同样具有重要意义。通过开放系统,我们可以获取更多的外部信息和资源,为内因和外因分析提供更为全面、准确的数据支持。这种开放性的态度和方法,便于系统后期的实施与管理,有助于提升城市绿地景观风貌系统规划的质量和水平,推动城市的可持续发展。

2.1.1.2 优缺点分析

(1)优点:

从城市绿地景观风貌系统的角度出发,有利于以理性有序、重点系统、渗透连续为指导建立城市绿地景观风貌规划体系。

(2)缺点:

要素的调研分析适合采用问卷调查的方法,但该方法得到的调查结果带有一定的主观性,对城市绿地景观特色的定位存在着一定的偏差。

2.1.1.3 案例分析:武进中心城区绿地景观风貌研究

对武进中心城区城市绿地景观风貌的规划控制,从系统论的角度出发,通过对城区实际风貌、规划风貌和风貌系统要素的认识,确立了武进中心区绿色园林风貌规划的总体目标,最后从系统论指导研究事物的基本原理和基本规律出发,在宏观、中观、微观三个层次展开系统的规划,构建风貌结构,对风貌各载体以及典型绿地进行控制和引导,涵盖规划前期、中期和后期全过程。

2.1.1.4 技术路线

基于系统论的城市景观风貌规划研究技术路线如图 2-2 所示。

图 2-2 基于系统论的
城市景观风貌规划技术
路线
(来源:作者自绘)

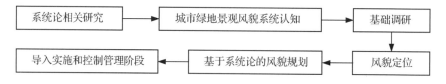

2.1.2 基于景观特征评估(LCA)的城市景观风貌规划研究

2.1.2.1 定义

LCA 系统是一种以自然与人文为基础,以客观与主观为基础的综合性研究方法,其实质是对自然与人文景观的认识与描述,而不是对其进行价值判断。LCA 系统的概念是由英国乡村署在 20 世纪 90 年代提出的,后来被《欧洲风景公约》所采纳,并在欧洲各国广泛应用。LCA 系统的核心思想是把景观看作由人民感知,其特征是由自然和人文因素以及它们之间的相互作用产生的结果。强调对当前与将来的景观进行分析,提倡在开发过程中对地域特征进行保护、改善与强化。在具体运用上,可以划分为国土、区域和场所三个层次,下层层次可以与上层层次嵌套,互为补充。

运用 LCA 系统的主要步骤如下:

（1）明确目的和范围:根据评估的目标、规模、细节、资源、时间等确定评估的范围和要求。

（2）案头研究:收集和审查相关的背景资料和空间数据,初步确定有共同特征的区域,绘制景观特征区或类型地图,并进行初步描述。

（3）田野调查:制作标准的田野调查表,对案头研究中确定的区域进行现场验证和补充,收集更多的信息和数据。

（4）景观特征分类和描述:根据田野调查的结果,对景观特征区或类型进行更详细和准确的分类和描述,包括其自然和人文要素、形态特征、感知特征、价值特征等。

（5）利用景观特征做出判断:根据景观特征分类和描述的结果,对景观特征区或类型进行分析和评价,包括其景观价值、敏感性、容量、适宜性等,并提出相应的建议和措施。

LCA 系统的应用价值主要体现在以下几个方面:

（1）保护区域景观特色:通过识别和描述区域内不同类型和层次的景观特征,可以保护和强化区域的独特风貌和文化内涵。

（2）保护和利用多重价值资源:通过分析和评价区域内不同类型和层次景观的价值,可以保护和利用区域内资源多重生态、社会、经济价值以及避灾功能。

（3）引导城市发展建设方向:通过分析和评价区域内不同类型和层次的景观敏感性、容量、适宜性等,可以引导城市发展建设与自然环境相协调,避免或减轻负面影响。

（4）组织城市结构:通过分析和评价区域内不同类型和层次的景观关系,可以组织城市结构,形成有序、连贯、多样、富有层次感的城市空间。

2.1.2.2 优缺点分析

（1）优点:

有利于实现景观风貌规划与管理的有效衔接,真正使城市景观风貌规划变得"可实施"和"可管理"。

（2）缺点:

在进行 LCA 评价划分景观风貌单元之前,根据区域的总体景观风貌特征对景观风貌进行分区时相对主观。

2.1.2.3 案例分析:欧洲景观类型图

LCA 实践的主要代表是欧洲景观特征分类的最新成果——欧洲景

观类型图(LANMAP)。LANMAP 在借鉴英国、德国、荷兰 LCA 系统的基础上,以气候因素、地形因素、土壤母质因素、土地利用因素等 4 个因素为主要特征元素。每个特征要素被分成若干子类,基于 ERDAS Imagine 和面向对象的 eCognition 智能化影像分析的软件平台[16],通过多层次的信息叠加与聚类,识别出 375 种景观类型,最终形成欧洲景观特征分类图,用于指导欧洲地貌研究与相关政策的制定。

2.1.2.4 技术路线

基于景观特征评估的城市景观风貌规划研究技术路线如图 2-3 所示。

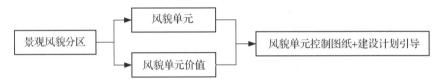

图 2-3 基于景观特征评估的城市景观风貌规划研究技术路线
(来源:作者自绘)

2.1.3 基于多源大数据技术分析的城市景观风貌规划研究

2.1.3.1 定义

随着传感器技术和数字化技术的快速发展,许多城市都可以收集到大量的数据,这些技术为城市风貌感知研究带来了大样本数据源和新的技术的应用机会,极大地降低了城市信息的获取成本。城市兴趣点、城市街景图像、微博数据等城市大数据,为从不同的角度刻画城市的面貌,为实现大规模定量化研究城市传统风貌感知提供了坚实的数据源。引入人工智能技术,并将其与地理信息系统的分析方法结合起来,对城市多源大数据进行整合、分析和挖掘,能够多层次、多角度探索城市景观风貌规划研究[17],建立基于多源城市大数据的城市传统风貌感知定量研究方法和评价指标。

2.1.3.2 优缺点分析

(1)优点:

有利于对景观风貌进行分层次、多角度的量化评价研究,提高景观风貌规划的科学性。

(2)缺点:

完全基于数据进行量化分析,某类数据的采集群体可能存在覆盖缺陷,同时多源数据的位置也存在一定的偏差。

2.1.3.3 案例分析:北京城市传统风貌感知研究

在城市兴趣点、街景影像、微博签到等多源城市大数据的基础上,以深度学习和空间大数据分析为主要手段,大尺度开展北京城市风貌实体感知、视觉感知、情绪感知等多视角协同感知分析研究。

2.1.3.4　技术路线

基于多源大数据的城市景观风貌规划研究技术路线如图 2-4 所示。

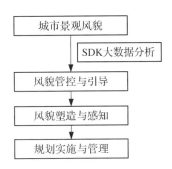

图 2-4　基于多源大数据的城市景观风貌规划研究技术路线
（来源:作者自绘）

2.1.4　基于生态系统基础设施的城市景观风貌规划研究

2.1.4.1　定义

以生态基础设施为基础的景观风貌研究中最具代表性的是俞孔坚的研究,他以生态环境为研究对象,并就其空间结构与布局、特色形象、规划与生态建设等问题作了较深的探讨。俞孔坚提出在对城市景观风貌进行研究时,必须强调其地域性和民族性,首先要对其进行调查,然后根据调查结果,对城市的典型特点进行分析,以反映出该城市的特点,最后考虑是否能够对城市环境进行改善,减轻环境负担,有选择性地加以利用。以城市景观风貌规划实践为出发点,他提出景观格局与过程分析及评价、基于生态基础设施的城市风貌规划和城市风貌控制性规划作为城市风貌规划与生态基础设施建设结合的步骤。

2.1.4.2　优缺点分析

（1）优点:

可以提高城市的生态安全和环境质量,减少城市的洪涝、热岛、灰霾等问题,提升城市居民的健康和福祉。

可以保持城市的景观多样性和风貌个性,反映城市的历史文化和社会风情,增强城市居民的认同感和归属感。

对生态文明建设、城市与自然和谐共生、提高城市竞争力、提高城市吸引力具有重要意义[18]。

（2）缺点:

缺乏统一和科学的概念和范式,不同的研究者对城市风貌、生态基础设施、生态系统服务等概念有不同的理解和界定。

缺乏系统和综合的评估方法,无法准确地量化和比较不同城市风貌规划方案对生态系统服务的影响和贡献。

缺乏有效实施的规划工具,无法将理论研究成果转化为具体的规划措施和管理政策,难以与现有的城市规划体系相衔接。

2.1.4.3 案例分析:山东省威海市城市景观风貌研究

威海市的城市景观风貌规划采用"反规划"的思想,通过建构与维持城市的生态、生态与历史文化进程中的关键格局——生态基础设施,以保持城市特色的完整性与永续性。

该案例按照三个步骤进行了实证研究:第一步是景观格局与过程分析,对威海市自然、生物、人文资源的类型与特征进行表述,对威海市自然、生物、人文及视觉过程进行分析,并基于整体格局的完整性与连续性对以上几个过程进行评价[19];第二步是基于生态基础设施的城市风貌规划,确定威海市生态基础设施系统,并根据其空间分布划分出自然景观特征区域和人文景观特征区域;第三步是风貌控制与管理导则制定,在景观特征区域内,将现状问题与生态基础设施规划结合制定可实施的风貌控制与管理导则。

2.1.4.4 技术路线

基于生态基础设施的城市景观风貌规划研究技术路线如图 2-5 所示。

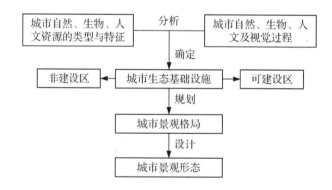

图 2-5 基于生态基础设施的城市景观风貌规划研究技术路线
(来源:作者自绘)

2.1.5 基于地域文化与城市意象的城市景观风貌规划研究

2.1.5.1 地域文化

(1)定义。

一个特定的地区在长期的发展过程中,会形成一种独特而又相对稳定的文化。这种文化包括建筑特征、宗教信仰、人文艺术、社会风俗等。这种文化扎根在人们的思想意识之中,体现出地域精神,唤起了人们的情感记忆,提高了当地土著居民对自己文化的认同感和责任感。因此,这种文化具有很大的研究价值。地域文化对人们生活的方方面面都产生着深刻的影响,同时也对城市的建设和发展具有重要的影响。地域文化在城市中的作用体现为多种形式。就城市风貌特色规划而言,我们需要让由城市中地域文脉所反映并能促进地域文化发展的城市物质空间,发挥积极的前瞻作用,从规划与设计的角度,为城市地域文脉的延续做出贡献。结合城市风貌特征策划,将其空间要素划分为宏观、中观、微观三个层面,并体现出对地域文化的传承。

（2）优缺点分析。

①优点:

可以保持和弘扬城市的文化传统和民俗风情,反映城市的历史底蕴和社会特征,增强城市居民的文化自豪感和归属感。

可以丰富和多样化城市的景观形式和内容,打破城市景观的同质化和单调化,提升城市的审美价值和艺术品位。

②缺点:

缺乏对地域文化资源的系统性和深入性的调查和分析,无法充分发掘和利用地域文化的内涵和价值。

缺乏针对地域文化景观的科学性和创新性的设计方法,无法有效地将地域文化元素融入城市景观中,或者只能模仿或复制过于简单的地域文化符号。

缺乏对地域文化景观的合理性和适应性的评价标准,无法客观地衡量不同城市风貌规划方案对地域文化的保护与传承、对城市功能与形象的改善与提升。

（3）案例分析:基于地域文化的佛堂镇风貌特色规划设计研究。

该项目在了解佛堂镇基本情况及现状的基础上,分别从自然环境要素、人工要素以及地域文化阐释佛堂镇的景观风貌特征。通过对佛堂镇地域风貌特征的分析,提炼出其有利的资源、存在的问题、机遇与挑战,为佛堂镇景观风貌特色的形成奠定了基础。

一个城市的特征必须以特定的形式呈现,以使其为人所认识。因此,在塑造佛堂镇的风貌特色方面,该项目拟从佛堂镇的区域文化视角,探讨在自然与社会两大区域属性的转换与融合中,佛堂镇的风貌特色的表现方式,并针对佛堂镇的风貌特色定位、城市空间结构、历史街区保护、道路、自然景观、色彩调控体系等,在规划设计时,考虑如何融入自然,如何传承与发扬佛堂镇的历史人文,从而为凸显其特色提供指引。

该项目主要探索佛堂建筑风貌如何实现地域性表达,从传统民居、院落、建筑空间布局、地方材料等中提取出可以体现佛堂风貌特点的元素,然后将其进行分类归纳和应用,主要是利用其中一种或几种实现建筑的地域性表达。

(4)技术路线。

基于地域文化的城市景观风貌规划研究技术路线如图 2-6 所示。

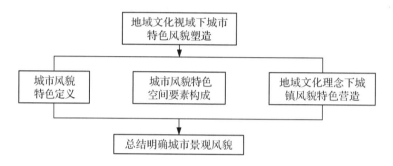

图 2-6 基于地域文化的城市景观风貌规划研究技术路线
(来源:作者自绘)

2.1.5.2 城市意向

(1)定义。

"城市意象"是凯文·林奇在他的著作《城市意象》中提出的一个重要概念,它指的是人们对城市空间结构和形式的认知和印象。林奇认为,城市意象是观察者与所处环境双向作用的结果,环境表达了本身的特征和关系,人根据自己的主观感受和目的进行选择、组织、综合后,再赋予物以一定的文化、社会意义,从而建立印象。

一个具有可读性和可意象性的城市,可以提高人们对城市空间的理解和记忆,增强人们对城市空间的情感和认同,促进人们对城市空间的参与和创造。因此,他建议城市设计者从人们的视角出发,将城市意象作为一种方法,改善城市形态和结构,提高城市品质和价值。

(2)优缺点分析。

①优点:

可以提高城市的可意象性和可识别性,反映城市的历史文脉和社会特色,增强城市居民的归属感和认同感。

可以丰富和多样化城市的景观形式和内容,打破城市景观的同质化和单调化,提升城市的审美价值和艺术品位。

可以促进城市的可持续发展和生态文明建设,实现城市与自然、历史、文化的和谐共生,提升城市的品质和活力。

②缺点：

缺乏关于城市意象要素的系统性和深入性的调查和分析，无法充分发掘和利用城市意象的内涵和价值。

缺乏关于城市意象景观的科学性和创新性的设计方法，无法有效地将城市意象元素融入城市景观中，或者只能简单地模仿或复制城市意象符号。

缺乏关于城市意象景观的合理性和适应性的评价标准，无法客观地衡量不同城市风貌规划方案对城市意象的保护与传承、对城市功能与形象的改善与提升。

（3）案例分析：内蒙古多伦淖尔镇中心城区历史文化名镇特色风貌营造研究。

本项目以凯文·林奇的城市意象理论为指导，以多伦淖尔镇中心区为研究对象，对"区域""道路""边界""节点""标志物""活动"等6个城市意象要素进行城市风貌构建。通过主观情感的融入，弥补只从物质角度构建城市风貌的缺陷。

（4）技术路线。

基于城市意象的城市景观风貌规划研究技术路线如图2-7所示。

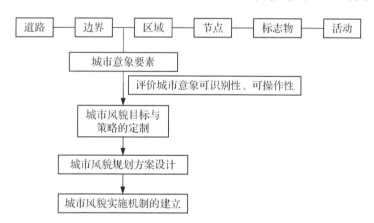

图 2-7　基于城市意象的城市景观风貌规划研究技术路线
（来源：作者自绘）

2.1.6　基于城市格局与肌理的城市景观风貌规划研究

2.1.6.1　城市格局

城市格局是城市风貌的基本框架，是构筑城市风貌的总体布局[20]。关于这一问题的研究已有诸多著作，在这些著作中，既有提及古典分析方法，也有提及与之相关的经典构建格局。

（1）城市设计新理论。

《城市设计新理论》一书清楚地指出了唯一的总则：每个建筑工程都要从怎样使城市健全这一角度来思考。其史无前例地把构建城市整体化作为一个根本命题，无疑是一部可供参考的城市风貌改造经典之作。其实，就目前的城市空间环境和景观品质而言，就像前面所说的那样，存在着城市风貌千篇一律、风格冗杂等问题。究其原因，涉及各类因素，从规划者到建设者，甚至民众很有可能会对城市风貌产生影响。这也是为什么《城市设计新理论》一开始就提出了有关整体性建设这一总法则，城市风貌需要一个整体化的统一过程。

（2）风水格局。

风水对中国传统的城镇模式产生了深远的影响，从民居庭院到乡镇城镇，并与"匠人营国"思想交织在一起。风水学在今天的研究中，包含了许多关于人类怎样与大自然相协调的科学内容。在选择地点的时候，要考虑到地质、地文、水文、日照、风向、气候、气象、景观等自然地理条件，对其进行评估，并采取适当的规划和设计措施，营造适合人生活的良好环境。风水格局还奠定了传统城市格局中有关的景观格局，即讲求"天人合一""天人感应"的人与自然的和谐关系。

风水对城镇格局有很大、很深的影响，而且与自然条件密切相关。雅安市的上里古镇就是一个很好的例子，里面山、水、田、林、屋的和谐关系，几乎符合风水格局理论中所追求的目标，所以，上里古镇的建筑虽然并不出众，但是凭借着良好的风水格局，却有着一种令人神往的古色古香的风韵。很多城市正是因为这样的模式被破坏了，才意识到自己的特色已经处于危险的边缘，需要进行特色更新，进而开展风貌改造。

2.1.6.2 城市肌理

在典型的城市模式下，城市肌理通过道路的划分和建筑的布局体现，将这些与城市风貌改造有着紧密联系的建筑传统和现代的创作手法都掌握好，才能应对在城市风貌改造过程中所要面临的众多平淡、生冷、杂乱无章的建筑现状。

（1）传统建筑哲理内涵。

中国传统建筑的"道"是以阴阳哲学为指导，数理哲学象征主义美学和中庸与度的整体辩证方法，即以阳刚手法构建的阴柔和顺之美。这种典型的建筑美学样式，是在广袤的传统建筑哲学系统中的代表。建筑也是城市生存的根本条件，城市是由建筑的设计构思和作用而产生的,而建筑一定能够在整个城市体系中找到自己的延续[20]。其实,到目前为止,四川省的城市风貌的更新,其主导思想仍是以传统的建筑思想、语言、技术等为基础,建立起一种与传统和谐共存的现代城市风貌。目前,我国城市风貌整治尚未形成一种完全脱离历史和文化传统、全面建设现代化城市面貌的趋势。这一点体现出城市探寻历史文化传承的自觉,体现出城市风貌改造的总体构思方向,体现出传统建筑哲学内涵的强大生命力。

(2) 将建筑立面视作公共空间的正面。

德国学者沙尔霍恩、施马沙伊特在其著作《城市设计基本原理:空间·建筑·城市》中提出,"建筑是城市体系的基本要素",并提出立面是公共空间的正面,而立面的墙壁则是人们对城市空间最直观的认知,从而为城市风貌更新选择立面作为整治目标提供了科学依据。

该理论从城市设计的角度认知建筑肌理。建筑立面更重要还在于它是"外空间的墙","还要注重其整体的度和整体排序的编排和分类,但也要注意其特殊性","城市造型是单个布局之和"。城市风貌的改造工作是以城市的整体现状为依据,特别是对城市肌理部位进行整体性的排列以及分类。

2.1.6.3　优缺点分析

(1) 优点:

可以提高城市的可读性和可理解性,反映城市的功能结构和空间逻辑,增强城市居民的导向感和舒适感。

可以优化和统一城市的形态风格和色彩调性,打造城市的视觉形象和品牌标识,提升城市的吸引力和竞争力。

可以协调和平衡城市的发展需求和保护要求,实现城市与自然、历史、文化的融合发展,提升城市的品质和活力。

(2) 缺点:

缺乏对城市格局与肌理要素的动态性和多样性的考量,无法充分适应和引导城市空间的变化与更新。

缺乏对城市格局与肌理景观的层次性和差异性的设计策略,无法有效地区分和协调不同层级、不同类型、不同区域的城市风貌。

缺乏对城市格局与肌理景观的可操作性和可管理性的规划方法,无法客观地指导和监督不同阶段、不同主体、不同行为的城市风貌实施。

2.1.6.4 案例分析：基于城市格局与肌理的都江堰城市风貌改造

城市风貌更新是一种节省投资、节省土地和人力的有效方式，可以有效地解决许多与城市风貌相关的问题，让各大城市来展现自己的特色，特别是可以让那些已经消失的名镇重新展现自己的特色和魅力。

都江堰市风貌改造提供了一套有效的参考流程，即现状踏勘认知→规划分析定位→改造方案设计→方案表现调整→施工图设计→具体实施。其以城市格局与肌理为基础，从宏观到微观，全方位地确立了风貌改造的严整性与可操作性，让城市展现的景观风貌与其历史文化精神一致[16]。

2.1.7 基于计算机技术分析与景观评价的城市景观风貌规划研究

计算机技术分析是指运用计算机技术对景观的各种信息进行采集、处理、分析、模拟和评价的过程，以便为城市景观风貌规划提供科学依据和辅助工具。计算机技术分析与景观评价主要包括以下几个方面：

2.1.7.1 计算机图像视觉分析

影像媒体的直观性和可读性，使得其很容易作为载体来记忆事物。因而，由城市物质空间、地域文化和精神内涵等多种要素共同构成的城市景观特征，与影像所呈现的内容和色彩信息有着密切的联系[13]。另外，就传播视角而言，影像媒体下的城市风貌不仅有其客观真实的现况，而且折射出人们对城市风貌的主观偏好。人们不断地被画面中的具体城市意象所刺激，从而依据画面中的内容，重塑并强化了对这座城市的认识和期望。因此，按照"图像信息（内容、色彩）分析—人的行为（感知、预想）解读—城市景观风貌定位"的思路，有利于研究以人为本的动态城市景观风貌。

（1）案例分析：基于网络图像媒介的城市景观风貌研究——以漳州市为例。

该案例基于深度训练的图像识别、聚类矩阵的图像标签分析与描述统计的图像色彩分析等研究方法对城市网络图像进行内容识别和色彩提取。通过设置元素标签分类与建立聚类矩阵模型，使用 SPSS 22.0 进行系统聚类分析和数据加权，经过 z-score 标准化处理，根据相关指标与结果，计算出元素间的拓扑结构和关联强度，利用 Matplotlib 实现数据可视化，最终形成网络图像媒介中漳州城市景观风貌特征元素的共现聚类树状图和层级网络[21]。

在对城市风貌特征要素的关联度进行分析后发现,在网络上,漳州城市风貌的总体形象与城市景观有着紧密的关系,以建筑和城市街道为主导的城市物质空间环境是城市风貌塑造的关键。同时,"植物—水—公共空间—山"的自然发展空间,也契合了漳州城市总体规划"生态自然,城与河相通"的都市印象。由此可知,网络图像不但可以呈现出漳州真实的都市影像,而且可以反映出民众对都市未来形象建构的期待。

在色彩分析上,建立图像色彩量化程序,以色彩相关和色彩表达趋势为依据,来分析城市景观风貌元素,从而总结提取漳州城市景观风貌元素特征,进行城市景观风貌定位。

（2）优缺点分析。

计算机图像视觉分析的优点是使用科学的分析方法,结果更加直观和具有真实性,且更能体现人的需求。但完全基于网络图像媒介进行量化分析,对于场地的基本条件分析不足,规划结果的科学性相对不足。

（3）技术路线。

基于计算机图像视觉分析的城市景观风貌规划研究技术路线如图 2-8 所示。

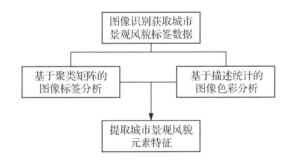

图 2-8　基于计算机图像视觉分析的城市景观风貌规划研究技术路线
（来源：作者自绘）

2.1.7.2　虚拟仿真系统分析

虚拟仿真系统技术是一种利用计算机和各种物理效果设备,模拟真实或想象的系统的结构、功能和行为的综合性技术。它可以用于各种领域,如军事、工业、教育、娱乐等,可以提高系统的设计、测试、训练和评估的效率。

（1）模拟系统的构思。

城市景观风貌由地域特色、历史文化、建筑风格等多因素构成。在此基础上,根据各要素的属性及影响因素,分别构建了各要素间的互动仿真系统,以获取各要素之间的关系;利用数据的可视化,将无形的影响转化为具体的数字表现,既可以提高和优化计划过程,又可以增强计划结果的科学性。

因此,模拟系统可以根据城市大数据对某一城市地块进行基于虚拟平台的仿真模拟推理与演算,使得多方参与成为可能。

（2）技术路线。

基于虚拟仿真系统的城市景观风貌规划研究技术路线如图 2-9 所示。

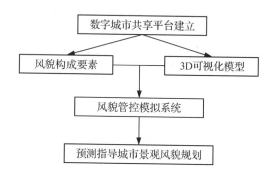

图 2-9　基于虚拟仿真系统的城市景观风貌规划研究技术路线
（来源:作者自绘）

2.1.7.3　GIS 图像分析与评价

（1）景观评价。

景观评价是对景观属性的现状、生态功能及可能的利用方案进行综合判定的过程。它是一种基于多学科知识和方法的综合性研究,旨在揭示景观的价值和意义,为景观规划和管理提供依据和指导。

景观评价的对象是景观,即人类感知和认识的地表空间。景观是自然和人文因素相互作用的结果,具有多样的形态、结构、功能、动态和特征。景观评价的主体是人类,即对景观进行评价的个人或团体。人类对景观的评价受到自身的知识、经验、目的、情感等因素的影响,具有主观性和多样性。

景观评价的目的是更好地利用和保护景观资源,促进人与自然和谐共生,提高人类福祉,推动社会进步。

（2）地理信息系统(GIS)图像分析。

GIS 是一种利用计算机和各种物理效应设备,根据系统模型对实际的或设想的系统进行试验研究的一门综合性技术[22]。GIS 可以处理和分析各种与地理位置相关的数据,如地形、土壤、植被、气候、人口、交通等相关数据,并将数据以图形或图像的形式展示在地图上,从而帮助人们更容易看到、理解和利用空间信息。

GIS 图像分析是 GIS 的一个重要功能,它是指利用数字图像处理技术,对遥感影像或其他类型的图像进行处理、分析和解译,从而提取有用的空间信息。GIS 图像分析可以用于城市景观规划,即对城市的自然环境、人工环境和社会文化等多方面因素综合形成的城市外观和形象进行规划和设计。

GIS 图像分析用于城市景观规划的步骤大致如下:

①获取和预处理图像数据。这包括从卫星、无人机、航空器或其他来源获取遥感影像或其他类型的图像数据,并对其进行几何校正、辐射校正、增强、滤波等操作,以提高图像质量和可读性。

②进行图像分类和特征提取。这包括利用监督分类或非监督分类等方法,根据图像的光谱、纹理、形状等特征,将图像分割为不同的类别或区域,并提取出感兴趣的目标或要素,如建筑物、道路、水体、绿地等。

③进行图像解译和信息提取。这包括利用专业知识、辅助数据或模型等方法,对分类或提取特征后的图像做进一步的分析和解释,从而提取出有价值的空间信息,如土地利用类型、景观格局指数、景观敏感性等。

④进行景观规划和设计。这包括利用 GIS 软件或其他工具,根据图像分析得到的空间信息,结合景观规划的目标和原则,进行景观规划和设计方案的制订和评估,并以图形或图像的形式展示规划效果。

GIS 图像分析用于城市景观规划的优势主要有以下几点:

①可以提供大范围、高分辨率、多时相、多源的城市景观数据,增加数据量和提高质量。

②可以快速有效地处理和分析城市景观数据,节省时间和成本。

③可以多角度和多层次地展示和评价城市景观现状和变化,增强可视化效果。

④可以与其他空间数据或模型相结合,进行综合性和动态性的城市景观规划和设计。

(3)案例分析:基于 GIS 的广州中心城区城市特色风貌评价研究。

广州中心城区的城市特色风貌呈现出复杂、多样的特点,其核心区域的风貌资源集中,城市特色鲜明,周边区域已初步成型,并形成了一定的风貌连续带。但同时,其周边地区的风貌断裂,核心区域与白云山以北地区的风貌联系薄弱,还存在环境特征不突出等问题。今后要加大对非均质区域的优化力度,坚守"云山珠水"的原生态理念,充分探索研究区域的特色资源,实现"老城市,新活力"的城市愿景。

从中观、宏观层面对广州中心城区的特色风貌进行总体解读,并将其扩展到对特定街区的多维度评估,以实现从空间分布角度对街坊的风貌认知。上述研究成果,为广州中心城区特色风貌的营造提供了重要的理论依据,并为其今后的城市设计与景观风貌规划提供了重要的科学依据。

该研究从城市特色风貌的构成要素出发,筛选了适于定量分析与表述的风貌因子,结合层次分析法、德尔菲法等,构建了广州中心城区城市特色风貌的评价体系和模型;进而通过收集网络大数据、政府公开数据、问卷调查数据等,建立评价基础数据库,并以 GIS 平台进行空间分析评价,完成了"梳理理论—构建模型—实践评价"的全流程,提供了一种有别于笼统定性认知的定量化特色风貌评价的思路和方法[23]。

（4）技术路线。

基于 GIS 图像分析与评价的城市景观风貌规划研究技术路线如图 2-10 所示。

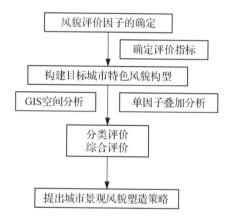

图 2-10　基于 GIS 图像分析与评价的城市景观风貌规划研究技术路线
（来源:作者自绘）

2.1.8　基于数字化规划分析的城市景观风貌规划研究

2.1.8.1　数字化规划内涵

数字化规划是指利用数字技术和数据资源,对城市或区域的空间结构、功能布局、发展目标等进行分析、模拟、评估和优化的一种规划方法。它是一种基于数字化转型的规划理念和实践,旨在提高规划的科学性、精准性、智能性和可视化水平。通过收集、整合、分析各类空间数据,建立多维度、多层次、多尺度的空间信息模型,运用人工智能、大数据、云计算等技术,对规划方案进行模拟仿真、多方案对比、动态调整等,从而提高规划的可靠性和有效性。

2.1.8.2　数字城市信息共享平台

数字城市信息共享平台是指利用空间信息技术,将城市的自然资源、社会资源、基础设施、人文、经济等信息,以数字形式获取、整合、共享和应用的一种虚拟平台[24]。它是数字城市建设的核心支撑平台,是实现城市数据资源的高效利用和有序流通的重要手段,是提供广泛服务和支撑决策的重要载体。

2.1.8.3 案例分析:漳州市规划管理一体化协同平台信息门户构成

该案例由服务对象(管理组织)、技术支持(多规合一)和数据展示(设计辅助)构成。业务审批、项目会审、公文办理、过程管理,构建了完整的管理体系,实现项目规划管理全程信息共享。规划成果、法律法规、规划一张图等单元,形成了以技术支撑为基础的多规合一,集成、共享、管理、应用及服务规划项目所有技术相关数据。CAD 辅助、三维系统,利用城市二维、三维一体化数据实现城市尺度空间数据体系(影像、地形、矢量、模型),辅助规划管理过程中的数据分析处理、三维浏览、实时跟踪、监控预警等操作[25]。

2.1.8.4 技术路线

基于数字化规划分析的城市景观风貌规划研究技术路线如图 2-11 所示。

图 2-11 基于数字化规划分析的城市景观风貌规划研究技术路线
(来源:作者自绘)

2.1.9 基于景观感知的城市景观风貌规划研究

景观感知是指人类对自然和人造景观的感知、理解和评价的过程,它涉及视觉、听觉、嗅觉、触觉等多种感官,以及情感、认知、价值观等心理因素。景观感知是风景园林美学的重要内容,也是城市景观风貌规划研究的基础,起指导作用。基于景观感知进行景观风貌规划,就是要根据不同地区、不同场地、不同人群的特点和需求,分析评价现有景观的优劣,确定规划目标和策略,制定合理的空间布局和形态语言,营造具有特色、功能和美感的景观空间。

2.1.9.1 案例分析:浙江省舟山市城市景观风貌特色规划

该规划的风貌感知系统主要包括对应"貌"的观景点、视线视域及观赏动线,也包含对应"风"的公共环境艺术、特色场所及文化活动策划。观景点是风貌感知的最基本单元,它的选址将直接影响人们对景观风貌的感受。规划甄别适合重点突出的景观风貌特点,并规划可以欣赏的观景点，将这座城市所期望的景观风貌有组织节奏地呈现在游客面前。与地形空间相结合，用合适的路径将各个观景点连接起来，反复强调一个特征或相关特征，持续强化对这一风貌特点的感知，并与文化的传达结合起来，以风辅貌，实现对特征信息的有效传达[26]。

人们对外界空间的感知，有85%来自视觉。在舟山六大风貌特色中，"璀璨群岛"是最容易被感知的。舟山星罗棋布的群岛空间格局应作为重点凸显的景观风貌特色。观测者通常会采取远观和近看相结合的方法，以获取更大范围的视野，使群岛景色一览无余，所以有利的观测点通常都是在山丘上，或是在建筑物高层。以此为线索，针对"璀璨群岛"进行感知效果的模拟排布，分析每一个区域所能看到的美景对感觉群岛是否有帮助，然后按照已有的路线和计划，一一筛选出可供观赏的景点。经过比选，确定了大庵岗、东山公园、天灯台、榴尖山等一级观景点和竹山、海山、小坑岗等二级观景点，并结合各自的特点，划分出"璀璨群岛"的主视廊视野范围，通过标志说明来体现景观风貌的内涵。同时，结合每个观光点的地理位置，对它们的结构形式提出了一些建议，让它们更好地体现出独特的风格，更利于风貌感知。

将上述以"璀璨群岛"为目标感知特征的观景点连接在一起，便形成了"璀璨群岛"城市级主题游线。在这条线路上，还可以将已有或规划的游赏吸引点进行串联，通过城乡绿道网络进行联动，设立休憩驿站，打造出一条具有特色的城市级主题游线。基于舟山的六大风貌特色，规划共策划了亲海礼佛、山林休闲、乡村民俗、印象城迹、滨海风情和海上观光6条主题特色游线[26]，结合不同的游赏方式，游客可分类感知。点、线的结合，构成舟山景观风貌的感知体系。

2.1.9.2 技术路线

基于景观感知的城市景观风貌规划研究技术路线如图2-12所示。

图 2-12 基于景观感知的城市景观风貌规划研究技术路线
（来源：作者自绘）

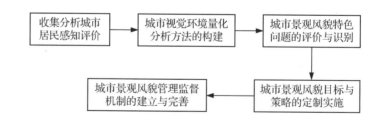

2.2　绿地景观风貌规划研究方法汇总

城市景观风貌规划研究方法汇总如表 2-1 所示。

表 2-1　城市景观风貌规划研究方法汇总

技术方法	优点	缺点	适用性	所需资料
1. 基于系统论的景观风貌规划研究方法	从城市绿地景观风貌系统的角度出发,有利于以理性有序、重点系统、渗透连续为指导建立城市绿地景观风貌规划体系	基础调研阶段要素分析采用问卷调研的方法对要素层次进行梳理,其调研结果具有一定的主观性,对城市绿地景观风貌的定位可能会有一定的偏差	适用于从城市绿地系统的宏观层面进行景观风貌规划研究	国内外系统论相关理论研究、城市绿地景观风貌系统认知理论研究、相关基础调研数据
2. LCA 评价法	有利于实现景观风貌规划与管理的有效衔接,真正使城市景观风貌规划变得"可实施"和"可管理"	在进行 LCA 评价划分景观风貌单元之前,根据区域的总体景观风貌特征对景观风貌进行分区时相对主观	适合于从实施与管理的角度进行景观风貌规划编制	提炼城市总体景观风貌特征,并依此划分景观风貌分区作为研究基础
3. 多源大数据技术分析法	使景观风貌规划的依据更加直观,结果更加具有真实性,基于此分析进行风貌规划更能体现人的需求	完全基于感知数据进行量化分析,对于场地的基本条件分析不足,规划结果可能缺乏科学性	从人类景观感知的角度进行城市景观风貌规划的创新实践	使用 SDK 获取的人群时空活动轨迹以及活动喜好等相关大数据
4. 基于生态系统基础设施的城市景观风貌规划研究方法	可以提高城市的生态安全和环境质量,提升城市居民的健康和福祉。可以保持城市的景观多样性和风貌个性,反映城市的历史文化和社会风情,增强城市居民的认同感和归属感。对生态文明建设、城市与自然和谐共生、提高城市竞争力、提高城市吸引力具有重要意义	缺乏统一和科学的概念和范式。缺乏系统和综合的评估方法。缺乏有效实施的规划工具,无法将理论研究成果转化为具体的规划措施和管理政策,难以与现有的城市规划体系相衔接	适用于需要保护和提升城市的生态系统服务能力的城市场景	城市自然、生物、人文资源的类型与特征,如地形地貌、水系湿地、植被覆盖、土地利用、人口分布、历史文化等。城市生态基础设施的确定与规划,如防洪安全格局、生物安全格局、乡土文化安全格局、游憩安全格局、视觉安全格局等,以及相应的核心区和生态廊道的识别和辨识

（续表）

技术方法	优点	缺点	适用性	所需资料
5. 基于地域文化与城市意象的城市景观风貌规划研究方法	可以保持和弘扬城市的文化传统和民俗风情，反映城市的历史底蕴和社会特征，增强城市居民的文化自豪感和归属感。可以丰富和多样化城市的景观形式和内容，打破城市景观的同质化和单调化，提升城市的审美价值和艺术品位	缺乏对地域文化资源的系统性和深入性的调查和分析，无法充分发掘和利用地域文化的内涵和价值。缺乏针对城市意象景观的科学性和创新性的设计方法，无法有效地将城市意象元素融入城市景观中。缺乏对地域文化景观的合理性和适应性的评价标准，无法客观地衡量不同城市风貌规划方案对地域文化的保护与传承、对城市功能与形象的改善与提升	适用于需要保护和展示城市的历史文化遗产和乡土风情以及提升和弘扬城市的文化特色和文化内涵的城市场景	城市历史、文化、风俗、地理等方面的分析与评价，如历史沿革、民俗传说、非物质文化遗产、地域特色等。城市意象的确定与规划，如城市标志性建筑物、街区、边界和内容，以及相应的视觉感知和心理认同等
6. 基于城市格局与肌理的城市景观风貌规划研究方法	可以提高城市的可读性和可理解性，反映城市的功能结构和空间逻辑，增强城市居民的导向感和舒适感。可以优化和统一城市的形态风格和色彩调性，打造城市的视觉形象和品牌标识，提升城市的吸引力和竞争力。可以协调和平衡城市的发展需求和保护要求，实现城市与自然、历史、文化的融合发展，提升城市的品质和活力	缺乏对城市格局与肌理要素的动态性和多样性的考量，无法充分适应和引导城市空间的变化与更新。缺乏对城市格局与肌理景观的层次性和差异性的设计策略，无法有效地区分和协调不同层级、不同类型、不同区域的城市风貌。缺乏对城市格局与肌理景观的可操作性和可管理性的规划方法，无法客观地指导和监督不同阶段、不同主体、不同行为的城市风貌实施	适用于需要优化和调整城市的空间结构和形态的城市场景，可以指导和规范城市的空间设计和建设，改善城市设计缺乏统一性、连续性、协调性等问题	城市"斑块—廊道—本底"生态系统分布特征与现状

技术方法	优点	缺点	适用性	所需资料
7.1 计算机图像视觉分析技术（图像分析法、SPSS聚类分析法、Python 3.0中的色彩识别程序等方法）	使用科学的分析方法，结果更加直观和具有真实性，且更能体现人的需求	完全基于网络图像媒介进行量化分析，对于场地的基本条件分析不足，规划结果的科学性相对不足	适用于需要从人的感知角度出发，剖析网络图像媒介中的城市景观风貌及其特征的情况	通过图片搜索引擎获取城市大量网络图像数据
7.2 城市景观风貌虚拟仿真系统技术	为城市景观风貌管控寻找了一条动态化、交互式的设计思路	模拟仿真系统的运作技术有待提升，需要详细的城市空间信息数据	适用于进行动态化、交互式城市景观风貌规划	以大数据二维平台的数据支撑为基础
7.3 GIS图像分析法以及景观评价相关方法	有利于对景观风貌进行分层次、多角度的量化评价研究，提高景观风貌规划的科学性	基础数据难获取，容易出现研究资料不足的情况，难以对所有的GIS空间分析方法进行全面的研究和实践，存在一定的主观性	适用于需要以量化的数据展现接近意象描述的城市特色风貌概况的情况	城市空间信息基础数据
8. 数字化规划分析方法（GPS、遥感图像处理、GIS等）	增强景观风貌规划过程的科学性，提升城市景观风貌规划及管理的专业精准化和公共通俗化水平，有助于城市景观风貌规划后期的实时性管理执行	对城市空间信息数据获取较为困难，城市信息共享平台技术仍然有待提升	适用于以大数据挖掘和分析为主的动态景观风貌规划，以便于景观风貌规划后期的实时性管理执行、周期性监督调整	数字化基础数据——数字城市信息共享平台的建立
9. 基于景观感知的城市景观风貌规划研究方法	能够考虑和反映人类对城市景观的主观感受和偏好，有效地解决城市景观风貌存在的争议、分歧、冲突等主观问题，增强城市景观风貌的公众认同和社会共识	需要收集和分析大量的人类景观感知数据，涉及多种学科领域，如心理学、社会学、美学等，需要综合运用多种研究方法，如问卷调查、行为观察、心理实验等，因此具有一定的复杂性和难度	适用于需要重视和满足人类对城市景观的精神需求和审美需求的城市场景，如面临城市景观风貌缺乏特色、个性、文化等精神问题的城市	城市景观感知的类型与特征，如城市视觉感知、听觉感知、嗅觉感知等。城市景观评价的类型与特征，如城市美学评价、心理学评价、社会学评价等

（来源：作者自绘）

41

3 城市绿地景观风貌系统认知

3.1 城市绿地景观风貌系统引入

城市是一个由众多子系统组成的、不断发展和变化的复杂系统。城市风貌正是城市复杂系统中的一个子系统,是系统的组成特征,它与其他子系统共同组成了城市母系统并实现了它的综合功能。本书从张继刚[27]和蔡晓丰[28]等人的角度,对城市风貌进行了系统化的探讨。张继刚在对城市特征的研究中,提出了"特征体系"的概念,并指出了特征体系的功能和结构特征;蔡晓丰通过对这一现象的分析,进一步完善了城市特色的内涵,并构建了一套评价与调控的方法体系。

从城市景观环境、建筑风格、绿化风格、道路风格、色彩风格、城市家具风格以及人的生活习惯等方面来分析城市景观环境。城市绿化景观风貌是城市园林景观风貌体系中不可缺少的一部分,是城市园林景观系统的有机组成部分,也是一个具备所有要素的完整体系。城市绿地空间是城市特性的重要组成部分,它与其他子系统一起,形成了城市特性的综合功能。城市绿地景观风貌系统所具有的特殊功能,就是通过对城市绿地景观风貌物质形态要素的塑造,将城市绿地景观风貌非物质文化形态要素融入其中,为城市打造出美丽的绿地景观,展现出各自的地方面貌[15]。由此,它能折射出一个城市的文化品位与水平,进而反映出一个城市的总体精神定位与特色形象。

因此,从系统论的角度出发,将相关的理论引入城市绿地景观风貌研究中,可以更大地丰富绿地景观风貌建设的理论依据,为城市绿地景观风貌研究提供新的视角。

3.2 城市绿地景观风貌系统构成要素

各要素之间相互关联形成了一个系统,系统是各要素的有机组合。系统的本质是由各要素的本质决定的,所以各要素的内在联系必定相互作用。在 个整体中,任何一个要素都有存在的内部依据,因此,一个要素只能在一个整体中表现出它自己的意义,如果一个要素丧失了形成一个整体的依据,那么它就不能被称为一个系统的要素。对制度的研究要从组成制度的各个要素入手,这就是制度的有机关联。

城市绿地景观风貌系统由城市绿地景观之"风"和城市绿地景观之"貌"组成。"风"是指城市的非物质文化要素,即城市的文化、风俗、历史、精神等软件系统。它反映了城市的社会属性、价值观念和生活方式,是城市个性和魅力的体现。例如:北京的四合院、胡同、鼓楼等建筑和空间,展示了北京的古都风范和传统文化;巴黎的埃菲尔铁塔、卢浮宫、凯旋门等建筑和空间,展示了巴黎的浪漫气息和艺术气质。"貌"是指城市的物质形态,即城市的自然景观、人造景观、建筑景观等硬件系统。它决定了城市的空间结构、功能布局、形式语言等视觉特征,是城市美感和品位的体现。例如:上海的外滩、陆家嘴、东方明珠等建筑和空间,展示了上海的现代风格和国际化气派;伦敦的泰晤士河、大本钟、伦敦眼等建筑和空间,展示了伦敦的古典韵味和英式风情。

因此,城市绿地景观风貌系统构成要素包括显质形态要素和潜质形态要素。前者包括自然景观要素和人工景观要素两部分,后者主要指人文景观要素。

3.2.1　自然景观要素

自然景观要素是指构成自然景观的各种自然因素,包括地形、气候、水体、植被、土壤等。这些要素相互作用,形成了不同的自然景观类型,如山地、平原、沙漠、森林、湿地等。自然景观要素不仅影响自然景观的物理形态和功能,也反映自然景观的生态价值和文化内涵。自然景观要素给人一种与生俱来的独特性,对其加以利用、改造,就能创造出一种别具一格的城市绿地景观。因此,对自然景观要素进行合理的利用,在形成良好的城市绿地景观风貌方面有着积极的影响[15]。不同类型的城市,要想营造出不同类型的绿色景观,就必须对其进行全面的调研,以尊重与保护自然景观元素为前提。

3.2.2　人工景观要素

在城市风貌的范畴内,人工景观要素是指由人类活动创造的各种人工景观,如建筑、雕塑、桥梁、道路、广场等。这些要素不仅具有实用功能,也具有美学价值和文化意义,是城市绿地景观风貌的重要组成部分。人工景观要素应该与自然景观要素相协调,体现城市的特色和风格,提升城市的品位和吸引力。

3.2.3　人文景观要素

人文景观要素是指城市绿地景观风貌系统中反映人类文化、历史、精神等方面的各种景观,如纪念碑、雕塑、壁画、标识、灯光等。这些要素不仅增加了城市绿地景观的多样性和趣味性,也赋予了城市绿地景观一定的象征意义和教育意义,是城市绿地景观风貌的重要组成部分。

一座城市的历史价值在于它人文景观的独特之处。而在城市中,除建筑物与道路以外,绿地亦是其所承载的人文风景要素,将人文景观融入绿地中能引起居住在其中的人们的情感共鸣。

人文景观对城市产生影响,并对城市的绿色空间产生了影响,从而构成了城市绿色空间的不同特征。但是,在不同的城市中,绿化特征因素所起的作用也不一样。从各个因素的位置和功能来看,可以将其划分为核心要素、基本要素和辅助性要素[15]。"核心要素"是指那些在营造城市绿地景观风貌方面具有关键性的要素;"基本要素"是指在营造城市绿地景观风貌方面的基本要素;"辅助性要素"是指那些在营造城市绿地景观风貌时,对风景表现起到辅助作用的要素。在不同的地理环境中,各个特征因素在不同的地理环境中所处的位置是不一样的,同样的地理环境中,在不同的时间点上各个特征因素也是不一样的。例如:在城市绿地景观风貌系统功能引入阶段,重庆绿地景观风貌系统的核心要素是自然肌理,但是西安这座古老的文化之都的绿地景观风貌系统的核心要素是历史的脉络;然而,到了功能成熟阶段,两者的核心要素却开始向绿色空间、基础设施和居民素质等方面转变。

城市绿地景观风貌系统的组成要素是多层次且全方位的(图3-1)。因此,规划应明确各因素的作用与位置,在完全阐释的前提下,突出主题,营造个性,从而设计出令人印象深刻的城市绿地景观。

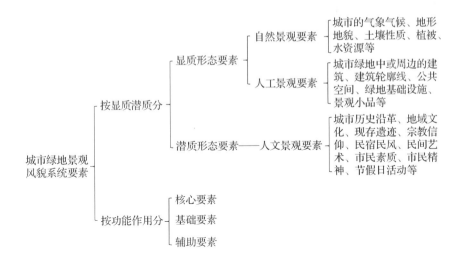

图 3-1　城市绿地景观
风貌系统要素构成
（来源：作者自绘）

3.3　城市绿地景观风貌系统层次分析

系统具有层次性，是其内部各要素在组合方式、地位作用、结构功能方面体现出的差异。例如，社会也是由多层级构成的。个人、社区、街道、镇区、市域、省以及国家构成了完整的系统。一个系统虽然是由各个要素构成的，但是，这个系统也是一个较高等级的系统的子系统，这个系统的要素又是由更低等级的各个要素构成的。因此，要素与系统都是相对的。城市绿地景观风貌系统是由植物、设施、开放空间等因素组成的一个系统，但同时它也是城市整体风貌的子系统，即要素。

通过分析风貌体系中不同类型的不同组合形式，可以看出不同类型的园林绿地风貌系统具有不同的纵向等级和不同的横向特点。按照空间尺度大小，城市绿地景观风貌可以被划分为宏观层面上的系统、中等层面上的系统、微观层面上的系统，分别对应城市级的城市绿地景观风貌、城区级的城市绿地景观风貌、街区级的城市绿地景观风貌。

3.3.1　城市级的城市绿地景观风貌

以一个或多个城市为对象，在城市尺度上对城市绿地景观风貌进行研究。如果城市对自然人文景观保护较好，且绿地景观风貌相似，那么在区域或国家的范围内，这个或这几个城市就表现为一个风貌整体。例如：以福州和厦门为核心，由漳州、泉州、莆田和宁德组成的"海峡西岸都市圈"；以武夷山、鼓浪屿、厦门和雁荡山为主体，构成的具有亚热带特色的都市绿色生态环境。如果一个城市的绿地景观支离破碎，不能体现出一个城市绿地景观的显性和隐性形态元素的规律性和秩序性,不能对城市的总体面貌起到正面的作用,则该城市在区域性和全国性的层面上,就会呈现出城市绿地景观面貌的缺失。要解决这一问题,需要合理地调节绿地中的各种要素,逐步形成有自己特色的绿地。

3.3.2 城区级的城市绿地景观风貌

一个在历史、经济、社会、行政等多方面因素作用下,能够最大限度地发挥资源最优配置作用的现代化城市,需要具备很多清晰的功能分区。分区是我国城市最基本的空间组织形式,春秋战国时期的《考工记》中就有"左祖右社,面朝后市"之说。城市的某些功能集中于某一特定的地域空间,这就是"功能区"的分异。一个地区的绿色景观特征,直接关系到该地区和其所在城市的定位,以及城市的功能布局。

城区尺度上的绿地景观风貌特征主要是针对一个或多个区域的绿色景观风貌进行研究。考察的内容主要包含两个要素,一个是显性形态要素,另一个则是隐性形态要素——对区域内的景观结构、景观风格、文化内涵的展现等进行考察。

以西安为例,西安由新城区、碑林区、莲湖区、未央区、雁塔区、灞桥区、临潼区、阎良区、长安区等 11 个区 2 县组成,莲湖区保留了古老的风貌。未央区以浐灞河生态绿地,未央湖度假区,汉城遗址保护区,阿房宫遗址保护区等组成,是文化与现代交融的典范;临潼区以骊山等自然景观为特色,雁塔区以历史文化和文化遗产为特色,以莲湖区,雁塔,碑林,莲湖,新城为核心,组成了现代化的都市绿地。

3.3.3 街区级的城市绿地景观风貌

一个城市由道路分成若干个不同的区段,由四条交叉道路所组成的区段称为街区。"方格"是一个城市最基本的建筑形态,其界限一般为道路、自然河道、山水等。社区的大小不同,街区内部空间构成也不同,所以,一个街区的城市绿地是多元的。因此,当前关于城市绿色空间格局的研究多以城市或城区两个层次进行,其实质仍然是基于街区之间和街区内部两个层次的空间格局。对于城市绿地景观风貌系统来讲,还有不同的分层方法(图 3-2)。如:按时间尺度来划分,可分为城市历史风貌、现实风貌和发展风貌;按组织化程度,又分为导入期、发展期和成熟期[15]。体系层级的划分应结合实际需要。高水平对低水平起到了一种整体的作用,同时其也有低水平所没有的一种特质。低水平形成高水平,受高水平的制约,并且具有自身特点。当城市绿地景观风貌系统发展的时候,将会在街区级、城区级、城市级等多个层面上进行相应的调整,从而使波动被放大并响应,导致城市绿地景观系统出现有序或无序的相变。把层次性原则转化为认知的方法是一种很有实际意义的方法。

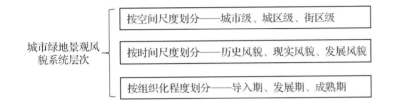

图 3-2　城市绿地景观风貌系统层次
(来源:作者自绘)

3.4　城市绿地景观风貌系统类型分析

从层级的角度来看,体系的类型化表现为纵向上的等级化以及横向上的共性化。我们也可以发现在水平方向,存在着多个状态,它们有共同之处。例如:城市在垂直方向上,可以划分为特大城市、大城市、中等城市、小城市、城镇;在水平方向上,可以划分为综合城市、工业城市、煤矿城市、港口城市、商业城市、旅游城市、历史文化城市等。一种物质在纵向上可以划分不同层级,在横向又可以分为多个类别。层级与类别之间存在着密切的关系,从而形成了一个具有普遍性的关联网络。在对体系结构的研究中,必须对体系的层次和体系的类型有清晰的认识。

对不同地域、不同民俗的城市绿地景观进行分类研究,既可以将具有不同地域、不同民俗的城市绿地进行区别,也可以将同一地域、民俗民风相近的城市绿地进行区别,在同中求异,使得不同地区的绿地景观具有不同的精神内涵和不同的风貌特点,同一地区的绿地景观具有类似的精神内涵但是拥有各自不同的风貌特点,而这种差异也是城市绿地景观风貌系统本质结构的体现(图 3-3)。

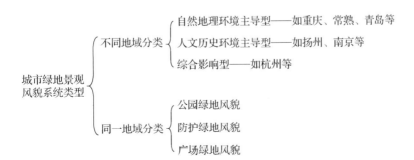

图 3-3　城市绿地景观风貌系统类型
(来源:作者自绘)

3.4.1 不同地域的城市绿地景观风貌系统分类

在实际生活中,不同的城市有着不同的园林景观,它们的园林景观也具有不同的特征。不同的自然、人文、历史等因素,形成了不同地区的城市绿地景观特征具有不同的侧重点,进而形成的城市特色与城市形象定位的差异。在此基础上,提出了以自然地理环境为主导的城市绿地景观风貌,以人文历史环境为主导的城市绿地景观风貌,以自然和人文综合影响的城市绿地景观风貌。但是,由于绿地形成的环境十分复杂,无法对其进行完全的定义,因此对其进行归类应从多个方面揭示其特征及影响因素。

3.4.1.1 自然地理环境主导型

影响城市绿色空间形态特征最显著的是地形地貌、江河水系、气候、土壤等自然因素。地形是指城市所在的地块高低起伏的状况,以及城市地理元素,如山区、盆地、平原、高原、荒漠的结合形式。在城市绿色空间开发方面,地形地貌为其创造了有利条件,但又存在着一些制约因素。如重庆市以大巴山、巫山、武陵山为依托,以其多样的地形和多样的地貌构成了优美的绿色都市风景。"江河系统"是指市区内的江河湖,包括人造的大运河和辅助的堤岸。河流水系系统在空间规模与结构上存在着明显的差别,这些差别对城市绿地系统的发展具有显著的影响。如杭州的西湖,山水岛屿相融形成一池三山的格局,是当今都市风景特色形成的一项关键要素。气候是指城市因所处的经纬位置的差异造成的温度、湿度等方面的差异,这必然也会对城市的景观特色造成一定的影响,例如苍山洱海的四季如春。

3.4.1.2 人文历史环境主导型

历史文化是城市绿化景观特征的重要因素之一。历史文化是一座城市在漫长的发展过程中所积累起来的一种文化,它是各个时期各种不同的文化融合在一起而产生的一种独特的文化。不同地区具有较大的地域文化差异,这种文化差异在城市空间中集中反映,并为其提供了鲜明的背景,也对城市景观风貌特征产生了深远的影响。例如:扬州以瘦西湖为基础,以运河为依托;南京为历史名城;上海既有自己的文化,也有来自其他国家的文化的交融。除此之外,一座城市的特色还在于它的文化底蕴,比如宁波的"书藏古今,港通天下"。

3.4.1.3 自然和人文综合影响型

城市绿地景观风貌受到自然地理与人文历史两方面因素的综合作

用,既具有自然地理特征,又具有人文底蕴,是现代城市绿化景观追求的目标。杭州的西湖、钱塘江、千岛湖和周围的山峦,形成了杭州山水如画的风景,再加上数千年的历史沉淀,形成了独特的江南风情和众多优秀的人文景观,也正是因为如此,杭州才有了"人间天堂""东方游乐场"的美誉。

3.4.2 同一地域的城市绿地景观风貌系统分类

同一片区域的城市,由于具有共同的人文背景和相近的地理环境,其城市绿地景观可以形成连贯和谐的景观风貌。根据住建部 2018 年实施的《城市绿地分类标准》(CJJ/T 85—2017),绿地可以分为城市建筑用地内的绿地与广场用地和城市建筑用地外的区域绿地两部分,其中城市建设用地内的绿地与广场用地,是指位于城市建设用地范围内,具有游憩、景观、生态、防护等功能的绿地和广场。它们包括公园绿地、防护绿地、广场绿地以及附属绿地。其中,公园绿地是指向公众开放,以游憩为主要功能,兼具生态、景观、文教和应急避险等功能,有一定游憩和服务设施的绿地,可分为四个中类:综合公园(内容丰富,适合开展各类户外活动,具有完善的游憩和配套管理服务设施的绿地。规模宜大于 10 公顷)。社区公园(用地独立,具有基本的游憩和服务设施,主要为一定社区范围内居民就近开展日常休闲活动服务的绿地。规模宜大于 1 公顷)。专类公园(具有特定内容或形式,有相应的游憩和服务设施的绿地)和游园,其中专类公园主要包括动物园、植物园、历史名园、遗址公园、游乐公园以及其他专类公园(如儿童公园、体育健身公园、滨水公园、纪念性公园、雕塑公园等)。防护绿地,是指用地独立,具有卫生、隔离、安全、生态防护功能,游人不宜进入的绿地,主要包括卫生隔离防护绿地、道路及铁路防护绿地、高压走廊防护绿地、公用设施防护绿地等。广场绿地,是指以游憩、纪念、集会和避险等功能为主的城市公共活动场地,绿化占地比例宜大于或等于 35%;绿化占地比例大于或等于 65% 的广场用地计入公园绿地。附属绿地,是指附属于各类城市建设用地(除"绿地与广场用地")的绿化用地,包括居住用地、公共管理与公共服务设施用地。商业服务业设施用地、工业用地、物流仓储用地、道路与交通设施用地、公用设施用地等用地中的绿地。

不同的城市绿化景观风貌类型,其构成要素及特点各不相同,同一座城市中,其特征与其绿地作用密切相关。对城市绿地景观风貌进行分级的目标是构建一个较为完备的城市绿地景观风貌系统,通过对不同类别的城市绿地景观风貌的分类对比,找出同类城市绿地景观规律,并对其进行相应的调整和布局,以实现加强城市绿地景观风貌特征的目标,有利于城市风貌控制管理和改造更新。

3.5 城市绿地景观风貌系统结构分析

3.5.1 城市绿地景观风貌系统结构

结构系统的结构指的是系统中的每一个组成要素之间的一种相对稳定的联系方式、组织秩序以及它们的空间和时间关系的一种内在表达[11]。所谓体系结构,即体系中各元素间的相互关系,是体系的一种内部规范,强调体系中各元素间的相互关系与相互作用。正是这些内在的关系和相互的约束使系统具备了全局的特性,才形成了系统的整体性。

从这一角度看,一个系统的整体性就是由其内在的结构所连接。只要元素间有互动,就有体系的架构。体系的结构决定了体系的性质。当一个体系的架构被改变时,体系也会有一个质的变化。但是,有结构并不代表有序。由此可见,可将"结构"划分为"有序"与"无序"两种类型。一个有组织的体系是一个有秩序的结构。

3.5.1.1 空间维度结构

城市绿色景观风貌体系的空间维度结构是指在一定的空间坐标上,由"点、线、面、域"(图 3-4)构成的一个多维的空间体系,在形成良好的城市风貌方面发挥着至关重要的作用。

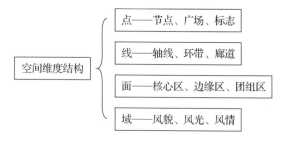

图 3-4 城市绿地景观风貌系统空间维度结构
(来源:作者自绘)

(1)点:

"点"是一个重要的绿地景观节点,观赏者能够观察到它,或者对它留下深刻的印象。"点"指的是从一种结构到另一种结构的过渡之地,它既有联系又有集中的功能,在认识观察城市时,点有着战略意义,它是一个容易对城市产生影响,并易于被人记住的参考点。它可以是一个广场,一个公园,或者是一个人工绿地。经过调研和分析,确定了具有代表性的节点。

(2)线:

"线"是指绿地空间中的一条景观轴线,即滨河绿地、道路绿地、防护林带等。线相当于城市绿色通道,是城市内部居民日常休闲游憩的带状绿块,是连接城市与城市、城市与乡村的纽带。线在城市绿地景观布局中起到一个串联的作用,分布在城市道路或游览路线中,连接起点状绿地,使之形成一个完整的景观绿化体系。

(3)面:

"面"是市民、游客能够自由出入的公共绿色开放空间,观赏者会产生一种"进入"的心理感受。这些共有的特点往往可以从内部证实,也可以从外部看出来,并且可以用作参照。面一般是由一处或多处景观节点、轴线构成的一处大范围的景观风貌区域。在城市绿地景观资源越集中的地方越容易形成,面有着明显的主旋律,通过人的想象领悟,就会形成人对绿地景观特色区域的认识与意向。

(4)域:

"域"是指区内集中的大面积绿色空间,一般指景观风貌良好、设施健全、城市风格突出的区域,方便居民或游客在此进行各种活动。研究表明,各地区都存在着若干个主要的节点,其中以核点为主要的聚集点和聚集中心。区域的形成,既要求城市绿色空间的协调,也要求城市其他空间的空间结构,如建筑特征等的协调和组织。

3.5.1.2　时间维度结构

城市绿地景观风貌体系的构成不仅要考虑到空间维度上的因素,时间也是一个需要纳入研究的因素。城市绿地景观风貌在时间维度上主要分为"历史风貌、现实风貌、发展风貌",所以城市绿地景观风貌系统的时间结构分为三个层,即历史风貌层、现实风貌层和发展风貌层,每个风貌层又可以根据各自的主题划分更详细的方向(图3-5)。

"历史风貌"是指随着时间的推移,城市绿地景观在人们的心目中所形成的一种特有的气质;"现实风貌"是指城市真实的绿色景观在人的脑海中所呈现出来的一种风格各异的形象;"发展风貌"是指一个城市未来绿色空间所规划出来的形象面貌,它是人们心中愿意呈现出来的一种风韵。从时间维度上理解的城市绿地景观特征,是一种历史特征,不能被现代城市绿地景观所复制。以往的风景面貌虽然并不能反映当下与未来,但是对于当下与未来的城市绿地景观的生成与发展有着很高的参考价值。

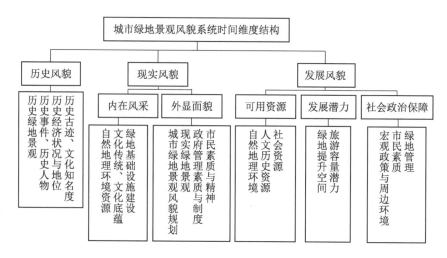

图 3-5 城市绿地景观风貌系统时间维度结构
（来源：作者自绘）

3.5.2 城市绿地景观风貌系统结构的载体认知

系统中各元素在质量、数量、地位、作用功能等方面不尽相同，其中部分元素可以起到主导作用，处于支配地位。结构分析的目的是对现有系统体系的各个子系统或元素进行解析，明确相互关系，找到占有主导地位的元素组合，可称之为结构载体。

本书认为，在城市绿地空间的景观风貌体系中，在要素、结构、功能上均具有较强的优势，并起到了主导作用的部分，即景观特征载体。城市绿地景观风貌由显性形态要素和隐性形态要素共同构成，其结构包括两种类型：一种是空间维度载体，另一种是时间维度载体。在时间维度结构中占主导地位的，被称作时间文态载体，其拥有稳定性，反映了一定阶段人类的文明程度或地方文化，它拥有同质的肌理，有着统一的文化气氛和格调，使用类似风格的空间和形态符号，具体体现在城市历史文脉、地方风俗、市民素质与精神等方面。这两个方面是相互联系、相互制约、相互促进的，共同实现了城市绿色空间的景观特征的功能需求。

3.5.3 城市绿地景观风貌载体的基本形态类型

按照系统论中优势结构的理论，在城市绿地景观风貌系统中，还存在着几种基本的风貌载体，它们对城市绿地景观风貌的展示和提升起着主导作用。凯文·林奇在《城市意象》一书中提出，城市中最易于被人们感知到的空间形式要素有道路、边界、区域、节点、标志物（图 3-6）。在城市绿地景观风貌体系中，"点、线、面、域"相互联系构成空间维度结构,空间生态载体是风貌载体形成物化了的基础,相对应的,风貌载体类型包括景观风貌符号、景观风貌核、景观风貌轴和景观风貌区。在景观风貌符号和景观风貌核空间结构上,它们都是点的范畴,景观风貌符号贯穿其余三种类型,景观风貌轴是线的范畴,景观风貌区是面的范畴,四种类型的组合又构成域的范畴。五大景观载体具有不同的空间形式与规模,它们彼此结合,构成了城市绿地的丰富的空间格局。

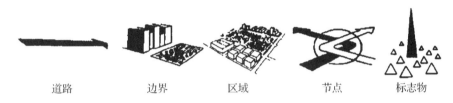

道路　　　　　边界　　　　　区域　　　　　节点　　　　　标志物

图 3-6　城市空间形态要素
(来源:《城市意象》)

3.5.3.1　景观风貌符号

景观风貌符号是指在城市绿地景观中具有代表性的元素,它是风貌载体的基础,是地域文化和空间的抽象化表达。在绿地景观中,可以是铺装材料,也可以是小品元素、特定植物。

3.5.3.2　景观风貌核

景观风貌核指在城市绿地景观风貌节点中具有高度代表性的城市广场或绿地节点,其要素构成紧凑,是城市绿地景观风貌的积淀。景观风貌核是拥有集中的空间和特别的吸引力,其空间形态呈现出多样的特征,表现为三个维度或两个维度的形态。

比如上海的太平桥绿地和延中绿地。太平桥绿地紧邻一大会场,利用太平湖、南面的山体、植被等景观,突出了石库门建筑的独特魅力,使得石库门在绿色与湖水的衬托下,十分灵动,而绿色与湖水的衬托,则让这座公园更添了几分沉稳,是上海绿色文化的代表。延中绿地位于黄浦区、卢湾区和静安区三区交界处的上海“申”字形高架道路的中心点,占地面积 23 万平方米,由 19 块相互呼应的绿地组成。

3.5.3.3　景观风貌轴

景观风貌轴是在城市绿地景观风貌中的一种线形绿色景观,它通常以道路、河流等大量的线形空间要素为依托而构成,因而它也是城市风貌特征形成的重要空间和城市的突出标志。从形态上看,它是一种在横向和纵向上有很大差异的平面或线性形态;从形式上看,它是一种三维或二维的形态。此外,以古城墙、护城河等为代表的环状交通空间,很容易形成景观特色环状,并成为城市绿色景观特色的一种主要表现形式。例如,桂林滨江路与象鼻山、杉湖、伏波山等景区相连,成都府南河、上海外滩沿江文化景观带等都是都市观光的重要节点。

3.5.3.4 景观风貌区

景观风貌区是指在城市绿地景观中,景观风貌协调一致的区域。一个风貌区,可以包含多个风貌核。从空间上看,它可能由一块或几块都市区域构成;从形状上看,它趋向于长方形;从形式上看,它呈三维状态。

例如:南京长江路,从中山路到汉府雅苑,仅两千米不到的历史风貌街区,就有总统府、梅园新村、毗卢寺、1912 街区、桃源新村民国时期建筑群、国民大会堂旧址、国立美术陈列馆旧址等,以及濒临绝迹的石库门青村、海山村等 20 多个民国建筑群。长江路是南京的一个小缩影,可谓一条长江路,半部民国史。这片区域将各个景区串联在一起,形成一个"非"字形,以历史文化、革命文化、生态文化、佛教文化、现代文化为核心,人们可以在两个小时内进行不同的体验,也可以花两天慢慢探索。

3.6 城市绿地景观风貌系统功能分析

系统功能是指系统能够实现的一系列操作和服务,它们是系统设计和开发的目标和依据,也是系统评价和测试的标准和依据。不同的系统有不同的功能,系统功能与系统有密切的关系,它们相互影响和制约。一方面,系统功能是由系统的结构、组成、环境等因素决定的,不同的系统有不同的功能特点和作用范围。另一方面,系统功能也反作用于系统本身,影响着系统的性能、效率、可靠性等属性。因此,在对一个系统进行设计规划时,要充分考虑其功能需求和目标,以及其与其他相关因素的协调性和适应性。

从系统理论的角度看,城市景观系统的各种功能都是依靠其各种结构来实现的,同一功能可以通过各种结构来实现。对城市绿地景观风貌体系的认知与研究,最直接的目标就是理解它,从而对其进行获取、利用与改造。对城市绿地景观风貌体系进行研究,目的就是将城市的特点充分发掘出来,设计出具有城市特色的绿地景观风貌,为市民和游客营造出一个既舒适又富有个性的城市绿地空间,同时还能让人们对其有一种认同感和归属感,从而提高城市的核心竞争力。城市绿地景观风貌系统的功能表现为六个环节,且各环节之间循序渐进(图 3-7)。

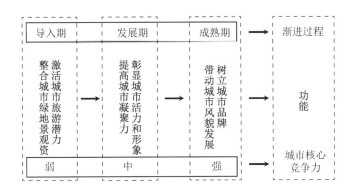

图 3-7 城市绿地景观
风貌系统功能渐进过程
（来源：作者自绘）

3.6.1 有利于整合城市绿地景观资源

本书从景观角度分析了城市绿地景观风貌建设需要城市绿地景观资源的支撑和保障。对绿地资源进行规范、科学的保护利用是建设良好绿地景观风貌的城市的前提和条件[15]。应全面发掘城市的山水资源，提炼和整合其特色部分，使其发挥作用。

3.6.2 有利于激活城市旅游潜力

积极正向的城市形象是城市隐形的招商广告，它不仅可以在某一特定时期为城市带来经济利益，而且可以在相当长的时间内为城市创造良好的社会环境，是一个城市综合实力的体现。一个充满生命力的城市，应该拥有令人过目不忘的城市绿地景观，它能使人们产生视觉上的愉悦感。

3.6.3 有利于提高城市凝聚力

人们在城市中营造绿色环境，而绿色环境及其内涵又能对人起到陶冶作用，使人得以实现自身的价值。当致力于打造城市特色景观风貌时，城市整体文化风格的提升，会带动整个城市居民素质的提升，也就会增强城市的凝聚力。

3.6.4 有利于彰显城市活力和形象

独具城市特色的景观风貌会增强人对该城市的向往，加强城市吸引力，从而推动旅游宣传。在城市之间进行信息交换时，可以有效地将特色风貌转化为话题流量，提高城市的活力，同时还可以进一步彰显城市的形象。

3.6.5 有利于带动城市风貌发展

城市绿地景观风貌系统是一系列的整体系统工程，城市风貌是其系统中的一个子系统。对该子系统自身结构功能的调整,在系统中产生正的波动,从而影响其他子系统的改变,促进整个系统前进。

3.6.6 有利于树立城市品牌

城市绿地景观风貌是一种特别的城市景观展现,它可以给人们带来一种新的视觉体验,让人们感受到自然的美丽和城市的魅力。如果城市绿地景观风貌所代表的城市风格和形态能够将城市的特点和精神面貌表现出来,那么,它就是城市品牌塑造中非常重要的一个因素。

4 徐州市绿地景观概况与宜居建设研究

4.1 徐州市城市概况

4.1.1 地理位置

徐州是江苏省的一个地级市，位于江苏省西北部，地处华北平原东南部，是四省（江苏、安徽、河南、山东）的交界处，也是长三角和京津冀两大城市群的连接点。徐州的地理位置非常重要，是中国东部的交通枢纽，也是重要的能源基地。徐州的地理坐标是东经 $116°22'\sim118°40'$、北纬 $33°43'\sim34°58'$，东西长约 210 千米，南北宽约 140 千米[11]。徐州地形以平原为主，平原面积约占全市面积的 90%，平原总地势由西北向东南降低，平均坡度 $1/7\,000\sim1/8\,000$，海拔一般为 $30\sim50$ 米[29]。

4.1.2 水文条件

徐州境内有多条河流和湖泊，主要有古黄河、沂河、沭河、奎河等流经，以及微山湖、骆马湖等分布。废黄河是历史上的黄河故道，自成独立水系，是沂沭泗水系和濉安河水系的分水岭。沂沭泗水系是淮河流域中下游的重要组成部分，流域内有南四湖和骆马湖两座湖泊调蓄洪水。濉安河水系是洪泽湖水系的一部分，流经濉河和安河后汇入洪泽湖。

徐州拥有丰富的水资源，特别是地下水资源，是全国重要的地下水开发利用区之一。徐州市地下水类型主要有深层承压含水层、浅层承压含水层和浅层非承压含水层三种。深层承压含水层主要分布在西部丰县、铜山区和东部睢宁县等地，储量较大，开采条件较好。浅层承压含水层主要分布在中部和东部地区，储量较小，开采条件较差。浅层非承压含水层广泛分布在全市各地，储量较大，开采条件较好。

4.1.3 植物资源

徐州市市树为银杏，市花为紫薇。其森林类型以落叶阔叶林为主。

在中部的丘陵地带,以侧柏林为主,有少量的刺槐林,而在东部的岗岭地带,则以侧柏林与黑松林为主。平原区以杨树和泡桐树为主要的防护林,以苹果和梨树为主要的果树林。

调查统计结果显示,徐州市现有维管束植物1196种及变种,隶属159科624属。其中,蕨类植物共18科25属33种,种子植物141科599属1163种,分为裸子植物和被子植物两个亚类。种子植物中,裸子植物种类少,共8科18属33种;被子植物种类较多,共133科581属1130种。

徐州市现有我国特有和珍稀保护植物27种。其中,特有植物14种,包括罗汉松、水杉、池杉、落羽杉、侧柏、青檀、地构叶、乌菱、野菱、刺榆、枳、盾果草、喜树和银杏;珍稀保护植物18种,包括水杉、青檀、乌菱、野菱、叶大豆、莲、鹅掌楸、翠柏、银杏、金钱松、杜仲、核桃、玫瑰、黄檗、榉树、莼菜、伞花木和珊瑚菜[29]。

徐州市现有的我国特有和珍稀保护植物中,人工引种栽培的种类较多,如罗汉松、水杉、池杉、落羽杉、银杏、翠柏、金钱松、杜仲等,但到目前为止,还没有徐州地区特有植物种类的记录。

徐州现有古树1 828株,隶属21科27属29种。其中,属三级保护的数目最多,共1 768株,隶属20科26属27种;属国家一级保护的树木最少,共27株,分属7科9属9种;属二级保护的树木共9科9属9种33株。同时,现有古树中,个体数较多的树种有银杏(1 443株)、侧柏(161株)、石榴(48株)、国槐(47株)、柿树(20株)、枣树(12株)、木瓜(8株)、皂荚(8株)、朴树(8株)和圆柏(6株),共10种1 761株,其中有6种主要树种属经济果木(包括银杏、石榴、柿树、枣树和木瓜),总株树1 572株,占全市古树总株数的86%。

现有园林绿化植物97科213属359种,其中,乔木40科74属139种,灌木33科61属102种,藤本植物12科15属21种,草本植物39科74属97种。城市绿化常用树种有悬铃木、香樟、银杏、广玉兰、乌柏、女贞、栾树、国槐、水杉、雪松、圆柏、重阳木、合欢、楝树、杨树、紫薇、石楠、海桐、火棘、小叶女贞、棕榈、紫叶李、龙柏、红枫、木槿、蚊母树等;常用草本植物有结缕草、土麦冬、黑麦冬、酢浆草、车轴草、鸢尾、萱草、美人蕉、葱兰、马齿苋、三色堇、彩叶草、鸡冠花、红雀草、万寿菊、金盏菊、芦苇、香蒲、凤眼莲等;常用藤本植物有紫藤、迎春花、金银花、常春藤、金钟花、凌霄、爬墙虎等。

4.1.4 人文景观风貌

（1）楚风汉韵。

灿烂的楚汉文化发祥于此，经过两千多年不断地丰富和发展，重情重义，粗犷豪迈，淳朴大方，大气恢宏的楚汉风韵和博大精深的文化渊源，在徐州众多的园林风景中都得以体现，呈现出鲜明独特的地域特色，成为徐州不同于江南及齐鲁文化的标志。

（2）舒扬雄秀。

现代徐派园景之相地布置，简洁精巧，舒缓大气；以石理水，厚实秀美，宛若天成；植物的布置，季节变化，形态自然，意境自然；园林建筑，南秀北雄，承前启后，博采众长。总体风格，如山水画般相融，和顺舒展，清丽脱俗，雄健秀美，独树一帜，恰到好处。

作为黄淮平原上的一个城市，徐州山水相济，其气宽舒。徐派园林，拥有得天独厚的优势，与自然的地形、地势、地貌相结合，通过对自然元素的运用和塑造，展现出当地的特色和地域特色，真正做到了顺应自然，就地取材，山水相连，聚珠荟萃，简洁而又灵动，舒展而又和谐，气势恢宏，已经形成了一幅壮观的画卷。明代邹迪光在《愚公谷乘》中说："园林之胜，惟是山与水二物。"现代徐州园林，依托天然的山水资源，结合现状条件，融入立园之意，通过合理的筑山理水，提高了园林的艺术性。此外，当代徐州园林建筑，数量上以明清式仿古建筑为主体。在继承中国传统建筑的基础上，对古典建筑进行了重新设计，并对现代建筑的新材料、新建筑进行了广泛的应用，形成了一系列的新的园林建筑，这些建筑的风格既体现出北方建筑的粗犷古朴，又展现了南方建筑的精致典雅，更有现代建筑的简约大气，点缀于青山碧水，绿树成荫，与周围的风景、植物和谐统一，巧妙地融合在一起，形成了一幅美丽的画卷。总而言之，徐州园林与山水相融，与文史相连，生态与文化交相辉映，人文与山水相得益彰，整体风格雄厚清丽。

（3）沛上游、帝王州。

其暗指徐州的自然风貌和历史地位，徐州地处苏鲁豫皖四省交界的黄淮冲积平原，早在宋代，苏轼在《放鹤亭记》就记有"彭城之山，冈岭四合，隐然如大环"，这些描述都很贴切地反映了当时徐州之山与城的格局。目前，徐州主城区内仍有海拔 100～250 米的山丘七十八座环抱全城，围合形成城市空间，构成徐州风景宜人且安定祥和的生活环境。徐州城市的水体也富有特色，其地古时有汴、泗水两水交汇，后又有黄河故道与京杭大运河穿流而过，古有诗曰"青嶂四围迎面起，黄河十折挟城流"（清·

邵大业《徐州》),"地势萦回环翠岭,关城峭拔枕黄流"(明·薛瑄《彭城怀古二首(其二)》)。而新建成的云龙湖和修葺过的黄河故道,则更像是一条玉带,点线相接,给这座城市增添了几分光彩。同时,徐州是汉朝开国皇帝刘邦和项羽的故都,是一座著名的"帝都",具有悠久的历史。

近年来,徐州加快速度,大力推进产业、城市和生态"三大转型",尤其是巩固"绿水青山就是金山银山"的理念,坚持"生态优先"和"绿色发展",习近平总书记对"三个转变"的成果给予了高度评价。徐州已经焕然一新,完成了"一城青山半城湖"的江南之都的转变,被评为"全国生态园林城市""全国卫生城市""国家环境保护模范城市""国家森林城市",获得"全国人居环境奖"和"联合国人居环境奖"。

4.2 徐州中心城区绿地空间格局现状分析

4.2.1 绿地生态空间

4.2.1.1 绿地生态资源

徐州的山、城、水相互依偎、浑然天成,蕴含着丰富的文化旅游资源。

(1)山岗生态资源。

市区多山,如云龙山、泉山、九里山、楚王山、凤凰山、杨山等,其中云龙山、九里山等有着较好的生态景观资源,形成基础的山水格局骨架。

(2)森林及风景区生态资源。

其包括环城防风林带、生态隔离林带、城区公园和郊野公园林地,以绿色开敞空间为主,主要种植有净化污染作用的林木。

(3)生境斑块资源。

其包括风景名胜区、森林公园、水源保护区等。风景名胜区有云龙湖风景名胜区。森林公园有环城国家森林公园、北部山体森林公园、城南山体森林公园。水源保护区有小沿河饮用水源保护区、七里沟地下水饮用水源保护区等。

(4)水域生态资源。

徐州市区有多条河流湖泊,如故黄河、奎河、玉带河、荆马河、房亭河、云龙湖、京杭大运河等,水质良好,其中云龙湖、京杭大运河、故黄河等湖泊河流具有较好的生态景观。

(5)交通生态资源。

包括全市主干公路、铁路沿线两侧的防护绿带、绿色走廊。

4.2.1.2　绿地生态因子

（1）斑块。

中心城区绿地斑块分布密集,嵌套在城市的建筑之中,与景观基质相辅相成。以中心城区边界向内逐步渗透,给中心城区带来新的活力。

（2）交通廊道。

中心城区道路交通廊道四通八达,等级分布明确。交通廊道之间联系紧密,不仅与中心城区的斑块相沟通,也给基质提供着便捷。交通廊道的相互交接也促进了中心城区的相互交流。

（3）水体廊道。

中心城区水体廊道以京杭大运河、故黄河为重要廊道,二级、三级河道水体廊道从一级河道中引出,贯穿整个中心城区,广泛分布于绿地斑块和中心城区建设用地。

4.2.2　总体现状分析

4.2.2.1　优势分析

（1）山水格局优越。

徐州市地理条件优越,四面环山,大运河、故黄河和奎河从城市流淌而过,云龙湖犹如一颗璀璨的珍珠镶嵌在城市中。徐州是一个山环水绕,山川湖泊相连的理想城市。云龙湖风景名胜公园、故黄河风光带等建设以城市丘陵为依托,以河网湖泊为核心,"山""城""湖"相映,融合了自然和人文景观,凸显了山水城市绿地空间特征。水网密布,江河相通,沼泽、湿地生态环境优良[30],山环水抱,形成了城市绿地生态网络的基本框架。

（2）绿地生态网络基础较好。

营造天然、半天然和人造的各种类型的绿色空间,为城市绿地生态网络奠定了良好的绿色基础。在城市绿色空间和自然风景空间中有人文景观渗透,构成了丰富多样的自然景观。

（3）历史文化内涵丰富。

多年的园林绿化建设,形成了云龙公园、彭祖园、戏马台、两汉公园、淮海战役烈士纪念塔景区,彰显了徐州城市绿地的地域性与个性。植物群落的组成比较合理,季节变化也比较丰富,表现出以乡土树种为主体的原则,具有种类繁多、地域特征明显、植被景观效应良好等特点。在城市道路交叉口和公共设施场所中,街旁游园数量增多,分布广泛,为市民提供了休闲娱乐的便利,同时也丰富了城市景观。

4.2.2.2 劣势分析

（1）绿地缺乏联系，结构单一。

城市绿地与周边自然环境的联系不够紧密，已建设的绿地之间缺少联系，存在着系统性不足的问题[30]。因此，需要进行进一步规划调整，将各种绿地之间的联系进行强化，从而让城市绿地的生态效益和社会效益可以最大限度地发挥出来。总体看来，郊野公园数量不足，空间环境的总体品质较低，城市绿地对建设用地的服务能力较低。

（2）绿地斑块分布不均衡。

城市化进程对生态走廊产生了严重的破坏，造成了生态区的缺失。城市层面的公园建设比较完备，总体上规模较大，而区层面的公园建设相对较少；建成区北面的边缘地带、"城中村"和工业与居住混合区域的公园绿地空间分布极不平衡。滨河公园的建设相对滞后，公园的面积和数量结构不合理。

（3）绿地斑块破碎化严重，连通性较低。

快速的城市发展让城市区域在早期时没有进行合理的布局规划，所以绿地斑块四处分散，没有进行很好的串联。虽然在一定程度上，城市绿地斑块的破碎程度越高，其连通性越差，但是这并不能说明城市绿地系统的生态功能越差。城市绿地斑块破碎度过大、连通性不够，是导致城市绿地系统生态功能降低的主要原因。因此，我们要采取有效的措施来提高城市绿地系统的连通性和生态功能，以确保城市绿地系统的生态平衡和可持续发展。

（4）现有绿地游憩性和服务性较差，配套设施陈旧或不足。

现有绿地功能性欠缺、观赏性不足、特征性模糊、可持续性不强，以人为本的宗旨未达到，与市民对美好生活的需求相比，仍存在较大差距；配套设施不足，缺乏相应的休闲场所和休憩设施；绿化相关设施与城市建设不够协调，没有形成合理的城市绿化空间布局。

4.3 徐州市中心城区宜居建设研究

4.3.1 宜居城市建设背景

4.3.1.1 宏观背景

宜居城市是指气候条件宜人、生态景观和谐、经济协调发展，人们在其中工作、生活和居住都感到满意,并愿意长期居住下去的城市。在物质和精神方面能够满足居民生活、工作和居住的需求:城市气候宜人、风光秀美,生态环境良好;城市人文资源丰富,历史文化景观众多,城市风貌特色突出。城市的经济、文化、社会和环境协调,可持续发展;人与自然和谐共存,百姓安居乐业,生活工作环境宜人、氛围和谐。生态环境建设是"宜居城市"建设的第一要务,而园林绿化是"最重要的一环"。

随着社会发展、人民生活水平的不断提升,人们对居住环境的要求越来越高。1976 年,第一届联合国人类住区会议就提出了"以持续发展的方式提供住房、基础设施和服务"的倡议;1996 年,第二届联合国人类住区会议提出了"人人享有适当的住房"与"城市化进程中人类住区可持续发展"两个议题,提倡所有人都能拥有适当的住房,以实现安全、健康、舒适、公平、持久的全球目标。"山水城市""生态城市""绿色城市"是我国近几年提出的一系列新的城市发展模式,是对城市宜居理念的新诠释。

《中国宜居城市建设报告》中指出,宜居城市的内涵包括以下五个方面:经济持续繁荣的城市、社会和谐稳定的城市、生活舒适便捷的城市、生态景观优美的城市和公共安全度高的城市。

党的十九大报告提出:坚持走中国特色新型城镇化道路、大力推进生态文明建设以及努力建设美丽中国。生态宜居是特色新型城镇化对城市发展的内在要求,城市要更加注重发展的内在品质。大美中国少不了大美城市,而大美城市正是人们所期待的宜居城市。

4.3.1.2 区域背景和建设成果

徐州是苏北地区重要的中心城市,华东地区重要的经济、商业和对外贸易中心。

同时,徐州又是一个重要的老工业基地和煤化工业城市,由于长期的资源开发,形成了一大批采煤沉陷区、采石区,产生了一系列的生态环境问题,使城市的宜居水平始终未得到提升。因此,对城市的生态环境进行恢复与管理,实现宜居化,已经成为当务之急。

为响应国家建设宜居城市的号召,2011 年,徐州全面启动了国家生态园林城市创建工作,组织实施了 100 多项园林绿化重点建设工程,建成区公园绿地面积增加了 610 公顷。

在此基础上,加强生态恢复和园林绿化,努力构筑以山为骨架,以江河、道路、绿带为网络,以大型公园为节点,以游园为基础,点、线、面相结合的"青山绿水"的城市自然生态体系,达到人与自然相融和谐的目的,使徐州"一城烟尘,半城泥土"的局面得到根本性的改变。2016 年,徐州以全国综合排名第一的成绩,被国家住建部授予了全国首批"国家生态园林城市"的称号。

4.3.2 徐州宜居现状评价

4.3.2.1 宜居现状评价策略

"宜居"就是要让居住在城市里的人们舒适、和谐,各得其所地生活。

自从北京在 2005 年提出"宜居城市"的概念后,在全国范围内掀起了一股新的发展热潮。在创建"宜居城市"的浪潮中,人们对城市绿地空间的需求越来越强烈。怎样的绿地空间才能促使城市宜居,成为一个值得探讨的问题。

建设部 2007 年颁布的《宜居城市科学评价标准》,从环境优美度、经济富裕度、资源承载度、社会文明度、公共安全度、生活便宜度 6 个方面评价城市宜居水平[31]。其中针对城市绿地环境建设的要求占了近一半的内容,标准实行百分制,与绿地建设有关的内容评分高达 35.4,从中也足以看出城市绿地景观对宜居城市建设的重要影响与作用。按照该标准,宜居城市绿地建设重点关注环境优美度、生活便宜度和公共安全度 3 个方面,主要侧重于城市绿地对生态环境、人文环境和城市景观的改善效果及绿地景观对城市交通便宜程度的助益,还侧重于城区绿地景观的可达性和城市防灾避险绿地的建设情况(表 4-1)。

表 4-1 宜居城市评价标准中与城市绿地环境相关的指标

总体指标	指标侧重点
环境优美度之生态环境	城市绿地环境对改善城市生态的作用
环境优美度之人文环境	城市绿地对彰显城市历史文化风貌和城市特色的作用
环境优美度之城市景观	城市绿地景观建设水平
生活便宜度之城市交通	绿地景观的功能性、绿道建设
生活便宜度之绿色开敞空间	城市绿地景观的可达性
公共安全度	防灾避险绿地建设情况

(来源:作者自绘)

4.3.2.2 环境优美度

城市宜居程度的决定性因素之一是环境优美度,从生态环境、人文环境、城市景观三个方面进行评价。

（1）生态环境。

生态环境是城市发展和建设的自然基础。宜居的城市必然是生态环境良好、人与自然和谐相处的城市。徐州经过多年的城市发展和工业开发,城市的生态和人文环境遭到了一定程度的破坏。但近年来,全市大力投入资金、人力、物力,在规划和建设上致力于生态环境治理和宜居性的提高,城市的生态环境已得到了很大的改变。

"空气""水"和"绿化"是城市生态环境评价的核心内容。在城市建设中,公园绿地是城市生态环境非常重要的组成部分,也是构成城市景观的要素之一。它一方面可以改善城市生态环境,另一方面可以提升城市景观水平和市容市貌,从而有助于人居环境质量和城市宜居性的提高。

（2）人文环境。

①人文环境与城市宜居性。

宜居城市不仅需要自然宜人的生态环境,还需要和谐融洽、底蕴深厚、特色突出的人文环境。人文环境是指因人类活动产生的周围环境,是人为的、非自然的。其中包括历史文化体系,人们的信仰、观念和认知。良好的人文环境能帮助城市营造内在深厚的人文底蕴。

在宜居城市评价体系里人文环境的分项指标中,有关城市园林绿地的指标有"文化遗产和保护"及"城市特色和可意向性"。"文化遗产和保护"这一项指标所占权重为0.4,为所有人文环境指标所占权重最高项,《标准》规定:具有世界文化遗产,世界文化景观,国家重点文物保护单位,国家历史文化名城,国家非物质文化遗产,并得到良好保护的,得满分;具有省级历史文化名城和省级重点文物保护单位且保存完好者,加分50%。"城市特色和可意向性"这一项指标的权重为0.2,《标准》规定:实地考察城市人文景观是否具有鲜明的特点,给人印象是否深刻,较好,得满分;一般,得一半分;较差,得0分。

城市绿地在保护文化遗产、彰显城市文化特色和历史风貌中起着载体的作用。一座城市通过兴修园林,发挥绿地景观承载、保护、传播历史文化的作用,从而让居民更有归属感地生活和居住,这也是城市宜居性的意义所在。

②人文环境建设成果。

近年来,徐州市政府在深厚的历史文化建设资源的基础上,在历史文化名城总体规划的指导下,在古城格局维持和文化遗产保护方面取得不俗的成绩,主要包括:(a)保护中轴线两侧现存的古迹:牌楼、黄楼、鼓楼、吴亚鲁革命活动旧址、护城河、崔焘故居、念佛堂、土山汉墓等(图4-1)。

(b)对徐州老城的城墙、护城河和护城石堤进行保护,结合城墙遗迹和城门修缮,加强城址风貌。(c)控制旧城楼群的高度,降低楼群的密集度,保存旧城的历史风貌。同时,对古城景观格局及自然环境进行保护,重点是:(a)对古城轮廓线及老城—云龙湖之间的景观联系进行维护。(b)对城区景观格局及景区环境进行保护。

图4-1 徐州人文古迹
(来源:作者自摄)

牌楼　　　　　　　　　　　黄楼

吴亚鲁革命活动旧址　　　　　　崔焘故居

③人文环境评价。

(a)文化遗产和保护。

徐州是华夏九州中的一州,自古以来就是南方的门户、北方的咽喉,军事重镇,商业聚集地。拥有6 000多年的文明历史,2 600多年的城市历史,被誉为"九朝帝王徐州籍",素有"帝王之乡"的美誉,被称为"千年帝都"。徐州是汉代文化的发祥地,素有"彭祖故国,刘邦故里,项羽故都"的美誉,是一座举世闻名的国家历史文化名城,同时也拥有一大批著名的国家级文物保护单位(表4-2)和国家级非物质文化遗产(表4-3),历史文化资源极为丰富,显示出徐州独特的人文环境。

表 4-2　徐州全国重点文物保护单位概览

名称	年代	公布时间
汉楚王墓群	西汉	1996 年 11 月
户部山古建筑群	明代至民国	2006 年 5 月
徐州墓群	东汉	2006 年 5 月
大运河徐州段	元代至清代	2006 年 5 月
花厅遗址	新石器时期	2006 年 5 月
梁王城古遗址	春秋时期至汉代	2013 年 3 月

(来源:作者自绘)

表 4-3　徐州国家级非物质文化遗产概览

名称	入选时间	级别	遗产类型
徐州剪纸	2008 年	国家级(世界级)	传统美术
徐州琴书	2008 年	国家级	曲艺
徐州梆子	2008 年	国家级	传统戏剧
江苏柳琴戏	2006 年	国家级	传统戏剧
徐州香包	2008 年	国家级	传统美术
丰县糖人贡	2008 年	国家级	传统手工艺品

(来源:作者自绘)

(b)城市特色和可意向性。

徐州在城市特色和风貌的彰显和传播方面做得十分出色,城市特色鲜明,可意向性突出。徐州的人文景观除了体现楚汉风韵,还融入徐州现代城市特色,展现新旧相融的城市新面貌。徐州能够做到科学地保护与利用城市历史文化遗产,以适当的绿化建设形式,弘扬民族文化精粹并保持城市地域文化特色。

(3) 城市景观。

城市景观在城市环境中是很重要的一分子,作为宜居城市评价指标环境优美度的评价依据之一,其侧重于城市绿地景观的建设水平。

城市景观主要包括两个方面:一是具有不同功能、性质和形态的各类建筑物,二是城市绿地空间。不同类型的建筑景观相互关联,相互依存,形成了城市园林的"基质",成为城市园林的"无生命的组成部分"。而绿地景观作为城市景观的有机组成部分,对其生态特性有着重要的作用,它形成了城市"斑块"与"廊道"。一个城市的绿色空间状况在一定程度上可以反映出一个城市的总体生态环境状况。

宜居城市对于城市绿地景观的要求,一方面在于其整体布局需要均匀合理并具备较高的可达性,公园的服务半径能满足城市居民的需求;另一方面在于绿地景观的细部要注重人性化设计。

在此基础上,根据人们的生理、心理、行为及文化特征,根据不同的用户对园林的不同要求进行相应的设计,从而充分体现了"以人为本"的思想。

研究城市绿地景观必须从城市绿地系统规划入手,对城市绿地整体的空间布局结构进行认知。徐州市城市绿地系统规划在继承总体规划的城市布局与空间结构的基础上,在突出山水名城风貌的同时,结合徐州市"城包山、山包城"、绿水穿城、人文荟萃的城市特色,建设各类型城市绿地,让公园绿地的布局形式合理有序,绿地功能齐全完善,以此来组成一个城市绿地系统,共建美好生态宜居城市。

参考徐州的城市绿地布局,现从城市中心区绿地景观、社区绿地景观两个角度切入,对徐州的城市绿地景观水平进行评价。

①城市中心区绿地景观。

城市中心区或市中心是指城市中商业、娱乐、购物、文化、交流、公共设施、行政机关比较集中,人群流动频繁的地区。其绿地景观建设从某种程度上代表了城市整体的园林绿化水平,是宜居城市建设比较关键的一个参考指标。

根据住房和城乡建设部颁布的《城市绿地分类标准》(CJJ/T 85—2017)及相关调研成果并结合徐州城市中心区主要用地类型,将徐州市中心区城市绿地景观分为公园绿地、单位绿地和道路绿地三种类型(表 4-4),并分别对以下几种绿地景观类型做出评价。

表 4-4　徐州城市中心区绿地类型一览表

绿地景观类型		内容和范围	形态和结构特征	生态特征	主要功能
公园绿地	综合公园	包括全市性综合公园	多边形,面积大	生态类型多样,物种多样性丰富	以游憩为主要功能,兼具生态、景观、文教和应急避险等功能,对保护生物多样性具有重要作用
	专类公园	具有特定内容或形式,有相应的游憩和服务设施的绿地	多边形,面积小	生境类型单一,物种多样性较低	以游憩为主要功能,兼具生态、美化等功能
	游园	除以上各类公园之外的用地独立,方便居民就近进入	多边形,面积小	生境类型较单一,物种多样性一般	以游憩为主要功能,兼具生态、美化等功能

绿地景观类型		内容和范围	形态和结构特征	生态特征	主要功能
公园绿地	社区公园	用地独立,为一定社区范围内的居民就近开展日常休闲服务的绿地	多边形,面积较小	生境类型较单一,物种多样性一般	以游憩为主要功能,兼具生态、美化、防灾等功能
	单位绿地	包括公共管理与公共服务设施,工业、物流仓储、商业服务业设施,公用设施等绿地	多边形、点状分散分布,面积大小不一	用地类型不同,生态特征差异较大,一般表现为生境类型较为单一,物种多样性较低	以美化环境、减少环境污染为主要功能,兼具休憩功能
	道路绿地	道路用地内呈带状、条状分布的绿地	呈条状、带状分布	生境类型单一,质量差,物种多样性较低	改善和美化道路环境,对改善城市生态环境有一定作用

（来源:作者自绘）

（a）公园绿地景观

公园绿地包括综合性公园、专类公园、游园、社区公园四大类,其中徐州建成区用地范围之内的公园绿地为 2 720.29 公顷,占建设用地面积的11.16%。

优势评价:

城市中心区公园绿地服务半径较合理,可达性佳。徐州城区现状公园绿地服务半径图显示,按照 500 米的服务半径标准划定,现状公园绿地服务范围覆盖大部分城市中心区,基本覆盖城区的居住用地。各类公园绿地在其服务半径之内,骑自行车 25 分钟之内均可到达,均能满足居民日常的游赏需求(表 4-5)。城区现状综合公园服务半径图显示,市级综合公园按 2 500 米最大服务半径划定,在除鼓楼区外的其他区都有一定的服务能力,各区居民正常驾车 30 分钟之内均能到达。而区级综合公园按照 1 500 米最大服务半径划定,在每个区也有一定的服务能力。市级、区级综合公园服务半径两者相叠加,基本能覆盖整个中心城区。而在贾汪区,三座市级综合公园呈倒三角分布,服务范围覆盖整个建成区。

表 4-5 徐州公园服务半径概览

公园类型	公园面积/公顷	服务半径/米	来园时间/分
市级综合公园	≥10	1 500—2 500	自行车 20—25
区级综合公园	≥5	1 000—2 000	自行车 10—15
社区公园	≥1	500	步行 10—12
小游园	≥0.2	300—500	步行 5—8

（来源:作者自绘）

着重综合公园建设。徐州充分利用其"一城青山半城湖"的景观资源优势,大力推进综合公园建设。现有综合性公园 25 处,面积为 819.23 公顷。城市中心区充分利用了城区的自然条件,以城市形态和历史文脉为基础,对各种公园绿地进行均衡、合理的配置,构建出以综合公园、专类公园为主体,以社区公园、游园为辅助的城市公园体系,对城市的绿地格局进行了完善,最终构成了一种具有地域性特色的城市景观空间。云龙公园、古黄河游览区等以城区丘陵为基础,以河网湖泊为脉络,形成了"山""城""湖"的自然与人文景观的融合,凸显了山水园林城市的特点。云龙公园、故黄河风光带、黄楼公园、潘安湖公园等(图 4-2),彰显了徐州城市绿地空间的地域性与特色。

图 4-2 徐州市公园绿地
(来源:作者自摄)

云龙公园

故黄河风光带

黄楼公园

潘安湖公园

植物选择和配置突出人性化考虑。在充分了解植物的观赏要素及优缺点后,既考虑景观效果也兼顾安全性,选择无毒、无刺、无烂果、无飞絮的植物。徐州各大公园多使用乡土树种,一方面能让当地人有城市归属感和自豪感,另一方面能突出城市的地域特色。

植物配置群落结构合理。在乔灌花草的搭配中,充分考虑居民的需求和习惯,增大乔木的比例,不仅能遮阴避雨,又能为游客提供休憩空间;人活动多的地方,较少种植灌藤草植物,多栽植乔木,以防止人践踏和乱扔垃圾;人活动少的地方,灌藤草种植较多,起到围合和遮挡的作用。植物配置综合运用树种选择和种植手法的变化,以突出植物的季相变化,营造四时之景。

设施小品注重人性化设计,融入地域特色。徐州公园绿地有完备的基础设施,包括休息设施、运动设施、电气设施、标识设施、市政设施、停车场等[32]。徐州公园设施景观基于各年龄段、各层次居民生活习惯和实际需求及弱势群体的特殊需求,以人为本,合理布置。

座椅设施:大多数公园有足够多的座椅设施供游人使用。座椅布局和设计合理舒适兼顾造型美观,根据不同居民的不同需求决定座椅的摆放形式。座椅材料考究,基于不同年龄段居民和不同季节等具体情况合理选择材质,硬质材料多嵌软质材料于其中。座椅边缘多采用倒角的处理手段,突出了安全性考虑。座椅前多预留硬质铺地,以防下雨后黏烂。

游戏及健身设施:游戏及健身设施按不同年龄层次分开设置,以免冲突。运动健身设施器材安全性较好,器械及地面的保护措施充分,场地周边设置了必要的照明和遮阴设施。

电气照明设施:电气设施包括园林供电设备、园林照明灯具等。徐州夜间开放的公园大多做到灯光充足,各种类型灯具布置合理。灯光设置不采用易产生炫光的园灯也不采用发热量过高的灯具,突出了安全性。

小品景观:徐州公园绿地小品大多能兼顾观赏性和实用性、安全性和舒适性,能体现徐州地域特色。小品尺度亲切宜人,能够反映生活情趣,体现主题。

社区公园生态效益突出并与居民区紧密融合。徐州大部分社区公园都有很高的绿地率,其植物可以净化空气,降低噪声,改善社区的小气候,提高社区的生态环境品质。徐州近年来通过增加社区公园的数量、改变社区公园在居住区的布局等方式,不断拉近公园与居民的距离,让居民更为方便地观赏游览,满足居民出门就能接触绿色的需求。

劣势评价:

园区整体布局不平衡,数量结构不合理;云龙山周围有比较密集的公园和绿地,配套设施比较齐全[33]。建成区北面的边缘地带,"城中村"和

71

工住混杂的区域,是公园绿地较少的区域。山地、云龙湖、黄河故道绿带建设力度较大,但城市其他河流的滨河绿地建设较欠缺;公园的面积、数量构成不够合理,社区公园与游园比例偏低。

城市园林绿化用地功能单一;具有一定体育设施与活动空间的专类公园在区域内分布不均匀,服务半径也不平衡,难以满足市民的休闲体育需求。

游园设计存在模式化严重的现象,过分突出这一类绿地休憩功能方面的考虑而缺乏对城市特色的展现。部分游园不能很好地与周围建筑在配色和风格上相融合。

在园林景观建设过程中,个别地方还存在着仿制、重复建设和开发的现象。因此,没有对区域内的风景资源进行充分有效的整合,最终造成了整体上过于单调、雷同的景观风貌,单纯模仿江南筑山理水的造园风格,没有很好地与地方风景特点相融合,没有因地制宜地考虑整体造型。

部分社区公园绿地设计风格浮夸,缺乏实用设施。社区公园服务于邻近的社区居民,相对于综合性公园来说,它的规模比较小,所能提供的服务性功能也比较少,所以在设计的时候,应该以实用为主要目的,对不同类型的居民的需要进行深入的研究,增加公园的实用功能。

(b)单位绿地景观。

单位绿地属于城市附属绿地,是城市绿地系统的子系统。它对整个城市绿地系统的绿量增加、环境改善等具有十分重要的作用。包括居住用地、公共管理与公共服务设施,工业、物流仓储、商业服务业设施,公用设施等绿地。在空间上单位绿地呈多边形、点状分散分布,面积大小不一。徐州单位附属绿地面积总计 2 063.89 公顷。

优势分析:

总量增长较快,绿地建设质量不断提高。新规划的工业园区、军工企业、学校、大中型企业内部绿地率相对较高。

植物设计合理,兼具景观性与安全性。多以常绿乔木为骨干树种,必要景观节点种植落叶乔木,使绿地四季有景。部分人流集中的区域,尤其是学校和工厂,植物选择突出安全性考虑,多选择无毒、无刺、无飞絮的品种。

因地制宜,绿地指标得以提升。徐州旧区改建(不含历史文化街区)的单位,由于条件限制,绿地率实在难以达标,能因地制宜地采取垂直绿化、屋顶绿化等方式提高绿地率,增加地带性乔木种植量,使得绿化覆盖率不低于30%,改善工作生产环境。

造景手法和园林艺术表达特色鲜明。在提供观赏休憩场所的同时能够突出场所和单位文化,使得单位附属绿地能和周边公园绿地在文化传播功能上形成连续的整体,在文化层面突破点状散布空间结构的限制。

劣势分析:

单位绿地指标不均衡。旧城区小型企业的绿地覆盖率普遍不高,有些老旧小区很容易忽略小区内的绿化死角,有些小区的绿地长时间无人维护,甚至被废弃。

部分单位绿地缺乏对硬质景观的安全性考虑。商业设施、工厂、学校等人流集中的单位,小品等硬质景观在材料选用和形状处理上未能做好安全性把控。例如,在小学校园景观中大面积使用蘑菇面花岗岩等凹凸起伏较大的铺装,或是在人流必经折角处的花坛、道路采用尖角的处理手法,这些都造成了一定的安全隐患。

(c)道路绿地景观。

道路绿地指的是道路用地内呈条状、带状分布的绿地,在城市建设中很重要,直接关系到一个城市的形象。道路不仅是城市绿地的骨架,更是串联城市绿地景观的走廊。它包括行道树绿带、分车绿带、交通岛绿地、立交桥绿地、停车场绿地等。道路的绿化和美化,不仅能起到引导、控制人流和车流、控制行车速度、防眩光、缓解驾车疲劳、调节心情、稳定情绪等作用,还是城市景观风貌的重要组成部分。宜居的城市必然也是宜行的城市,道路绿地对于改善城市交通状况具有重要的意义,城市道路绿地景观水平从某一方面也反映了城市的宜居程度。

优势分析:

整体道路绿地指标优秀,绿化质量高。近年来,徐州市投入大量资金,根据道路现有条件,因地制宜,改造现状道路绿化。建成区主要道路绿化率和绿化覆盖率等指标都达到了国家园林城市的标准。

道路绿带景观良好,特色突出。绿带中的行道树多以乡土树种为主,突出地域特色。道路中分带注重乔灌草数量配比和节奏的变化,做到整齐却不单调重复。道路外侧绿带设计手法灵活,部分道路外侧绿地景观与城市街道景观融合较好。

道路绿化植物多样,层次丰富。徐州的道路绿化运用了不同种类的乔木和灌木搭配,并在其中引进了各种果树,利用色叶植物,增加了季节的多样性,让道路绿化景观不再单一。再以石景点缀,韵味十足。

劣势分析：

城市道路绿地的品质参差不齐。老城区的次干道绿地率和绿化覆盖率较低。

道路绿化缺乏养护和管理，景观质量差。道路景观建设缺乏地域的公平性。

部分路段缺乏完备的标识系统与亮化设施。居民出行不能得到很好的引导，夜间行走安全性也得不到保证。

少数路段行道树选择欠妥。比如在一些路段选用香樟等不耐寒的常绿树种做行道树，往往经受不住徐州冬天的低温。

②社区绿地景观。

宜居城市旨在打造一个生态和谐、自然优美的人居环境。社区是最贴近居民的城市环境，所以社区环境的好坏是评价宜居城市建设水平的重要标准。社区园林绿地景观具有直观性，是社区居住环境的"窗口"，是社区发展的"绿色名片"。所以，不管是城市建设者，还是小区开发商，都应该认识到发展社区绿化的重要意义，为创造一个风景宜人、个性鲜明、功能完善的社区绿地环境而努力。

社区是社区居民生活的空间，包括组团绿地、宅旁绿地、居住区道路绿地、配套公建绿地、其他绿地等。利用植物造景和游憩空间营造等方式形成一个景色宜人、统一又有变化的生活空间，满足各种游憩活动的需要，对于改善居住环境，促进人们的身体和心理健康起着重要作用。

2014年施行的《徐州市城市绿化条例》将居住区绿化规划设计审核和竣工验收纳入政府行政审批项目，严格管理。自2002年以来，市区累计新建、改建居住区192个，建设总面积1 521.04公顷。其中，新建居住区192个，建设面积1 521.04公顷。新建、改建居住区中，绿地率达到30%以上的新建居住区192个，建设面积1 521.04公顷，新建、改建居住区绿地达标率100%。

优势分析：

功能分区合理，配套设施丰富。多数居住绿地在功能分区规划时注重动静结合，既有游戏、活动的场地，又有休息交往的区域，能够综合考虑不同年龄层次居民的使用需求。配套设施能够兼顾安全性与景观性，在不同空间结合绿地景观合理布置。

居住小区植物设计注重人性化理念。结合居住区设计规范综合考虑居住区人群的生活习惯和观赏需求，并突出安全性考虑，合理选择无毒、无刺、无飞絮且易养护管理的园林植物进行配植。种植手法多样,植物景观富有层次变化和季相变化。

劣势分析:

徐州的居住区附属绿地总体呈两极分化的状态。新建的居住区绿地率高,多数高于30%,且绿地质量较好,景观效果突出并能体现区域特色。而在老城区的部分区块,绿地率较低,极少数能够达到30%,且游园规模偏小,景观效果差,存在设施器材老旧、缺乏维护管理的现象,绿地质量一般。

舶来风盛行,地方性不强、情感依附性欠缺。在徐州部分居住绿地建设上,经常忽视本土文化,生搬硬套某种所谓的"风格",带来的结果往往是与周围环境极不协调,地域特色不明显。

4.3.2.3 生活便宜度

"便利"和"适居性"是城市可持续发展的关键,也是影响城市可持续发展的因素。宜居型城市应向人们提供多种优质的生活服务,使人们能更加便利地享有这些服务。生活便宜度的考量应涉及城市交通、商业服务、市政设施、教务文化体育设施、绿色开敞空间和城市住房。其中有关城市绿地环境建设的内容分别是城市交通、绿色开敞空间。

(1)城市交通。

城市交通包含居民对城市交通的满意率,人均拥有道路面积,公共交通分担率,居民工作平均通勤(单向)时间,社会停车泊位率,市域内主城区与区县乡镇、旅游景区的城市公交通达度等6个评价指标。其中与城市绿地有关的指标为景区公交线路的通达度、居民通勤情况和人均拥有道路面积。指标侧重体现园林绿地景观的功能性,而城市绿道的建设可以对城市交通的良性发展起到助推的作用。

①城市绿道建设。

绿道是指沿河流、山谷、山脊、风景大道等天然或人造廊道,在其内部设置的可供步行或自行车通行的休闲通道,是一种线性绿色开放空间。目前,美国、英国、德国、新加坡和中国在这方面已经有较为成熟的经验了。

绿道分成三类:社区绿道、城市绿道和郊野绿道。社区绿道主要连接城市内部的居住区绿地。城市绿道串联城市里的公园、广场、公共空间和历史名胜等。郊野绿道是连接农村郊区的绿色通道,但其建设困难且功能和景观效果难以达到标准。而城市中绿道的建设则相对容易一些,可以通过对已有的公园绿地的充分利用和扩建来达到更好的效果。

②徐州城市慢行交通现状和城市绿道规划。

近几年,徐州市区的交通压力日益增大,徐州迫切需要一种可持续发展的绿色交通方式来缓解城市的交通压力。在城市绿色交通系统建设中,慢行交通起主导作用,是绿色交通的主要形式。在此基础上,本项目结合我国实际情况,提出了城市绿色通道的概念,并对其功能进行了分析。

本项目拟以徐州主要风景名胜、河流、湖泊、山地等为重点,开展慢行绿道的规划与建设,构建"沿河,环湖,环山,连通公园"的城市慢行绿色通道体系,以及融入自然景观,兼顾休闲健身等特点的具有城市特色的慢行交通网络。选择故黄河、丁万河、徐运新河、荆马河、奎河、三八河、顺堤河、大韩河—琅河、房亭河等9条河流,沿河建设慢行绿道,并将其剖面设计与景观规划结合,对绿道与城区交界处的慢行节点进行精细研究,强化绿道与城区之间的慢行衔接。

同时,充分利用城区的山川和公园资源,加速建设云龙湖、大龙湖、金龙湖、九里湖、五山、城东环状公园、城北、九里山、桃花源湿地、泉润公园,为周围居民提供了一条适合日常锻炼的专用道路,以及一条别具一格的休闲步道。当前,更多的城市绿色通道正在规划和发展,整个城市将建立一个较为完善的慢行交通网络。

（2）绿色开敞空间。

①绿色开敞空间可达性研究。

绿色开敞空间这一评价侧重于考察城市公共绿地景观的可达性。城市绿色开敞空间可达性可以从空间关系角度反映居民克服阻力到达开敞空间的便捷程度,能有效地对城市绿色开敞空间的景观格局和服务功能进行分析评价。目前,徐州市主城区开敞空间建设多侧重于设计理念和设计原则,导致其整体规划布局无法满足居民的使用需求。所以,有必要从可达性角度对徐州市中心城区绿色开敞空间系统格局进行科学评价,以优化其开敞空间布局,践行"以人为本、社会公平"的理念,促进徐州宜居城市的建设。

②徐州中心城区开敞空间可达性评价。

城市开敞空间可达性的高低对其位置与使用情况起着决定性作用,是评价开敞空间能否公平地服务受众人群的重要评价指标之一。

（a）城市级开敞空间。

滨湖绿地、淮海战役烈士陵园、云龙湖及其周边景区、科技广场、故黄河带状绿地、九龙湖公园等可达性评价结果较好,都有交通便利、环境优美、基础设施完好等特点。但是由于出入口较少,边缘区围合较多,其开放性均有待提高。云龙山公园、青山公园虽然自身完善程度较高,但周边建筑密度较高、地形复杂导致其可达性一般。而泉山公园、沙屿岛景观绿地、狮子山汉文化园区、金龙湖宕口绿地、九里湖生态湿地等由于选址相对偏僻、人口密度较低,其虽环境优美但可达性较差。

(b) 社区级开敞空间。

奎山休闲绿地、西苑体育休闲公园、彭城广场、黄楼景观绿地、快哉亭、户部山等景观效果丰富、利用率高,周边人口密度大,其总体可达性较好,但自身建设程度仍需完善。而奎河滨河绿地、食品城休闲广场、拖龙山休闲绿地、徐州奥体中心体育公园等,建设水平与景观环境尚可,但由于周边环境问题或地理位置偏僻以及自身开放性较低,其可达性较差。

总体来看,徐州市主城区中心区域、西部、西南部是城市级开敞空间可达覆盖范围的主要区域,这里绿地开敞空间数量多、可达性较好、服务范围较广。但城市开敞空间格局和其人口密度不吻合,导致开敞空间可达性分布不均衡。主城区中心区中南侧为社区级开敞空间主要辐射地区,开敞空间配置相对不足、覆盖率较低、可达性较差。研究区北部、东部以及郊野地带甚至出现了辐射范围盲区,此区域明显缺乏各级开敞空间,可达性很差。

4.3.2.4 公共安全度

结合我国文化的特点,以"居"为中心,宜居也可更简洁地概括为"易居、逸居、康居、安居"八个字。其中安居,是指城市不仅要让人们生活得好、心情舒适,还必须保证居民安定和安全。一是社会的安定、和谐、文明,人民的生活可以无忧无虑,无拘无束,自由自在;二是城市公共安全和健康安全得到了保证,防灾、减灾、救灾设施完备,城市有足够的抗灾能力,有足够的应对突发事件的能力。

公共安全是宜居城市建设的前提条件,有了安全感,居民才能安居乐业。公共安全度这一评价标准中有关城市绿地的内容主要是防灾避险绿地的建设。现从徐州防灾绿地建设水平这一角度对公共安全做出评价。

(1) 防灾避险绿地类型及分布。

徐州市的园林绿化已初具规模,以山地绿化为框架,以河道绿化为网络,以公园绿化为核心,点、线、面相结合,形成具有鲜明地方特色的城市绿色空间体系。但从防灾减灾角度来看,徐州市的绿色空间建设还不够充分,部分绿地只注重其审美、生态等方面的作用,而忽视了其减灾、救灾等方面的作用。

徐州城市防灾避险绿地包括中心避险绿地、固定避险绿地、临时避险绿地与紧急避险绿地。

①中心避险绿地。

主城区现有 7 处中心避险绿地,作为开展灾后救援和复兴活动的后方基地。可用作应急救灾指挥中心、医疗抢救中心、抢险救灾部队的营地、外援人员休息地[34],救援物资调配(停留时间 1 个月以上;服务半径 5 000 米以上,步行 1 小时之内可以到达),规模均大于 30 公顷,配置配套设施。

②固定避险绿地。

主城区现有 48 处固定避险绿地,供附近的居民中期就近避险和生活(停留时间>12 小时;服务半径 2 000～3 000 米,步行 1 小时之内可以到达),规模一般不小于 10 公顷,配置基础设施。

③临时避险绿地。

主城区现有 143 处临时避险绿地,供附近居民紧急就近避险(停留时间<2 周;服务半径 1 000～1 500 米左右,步行 10～30 分钟可以到达),规模不小于 1 公顷,配置基本设施。

④紧急避险绿地。

主城区现有 245 处紧急避险绿地,供附近的居民紧急就近避险(停留时间<12 小时;服务半径 500 米左右,步行 10 分钟之内可以到达),规模不小于 1 000 平方米,配置基本设施。

(2)城市防灾避险绿地现状评价。

①优势评价:

(a)防灾避险绿地数量较多,绿地规模较大。徐州防灾避险绿地总面积 2 094.57 公顷,人均服务面积为 6.70 平方米,人均有效避险面积为 3.35 平方米,在指标上能够满足所有居民临时避险要求和部分居民的中长期收容要求。

(b)防灾避险绿地可达性较高。根据徐州城区防灾避险绿地服务半径分析图可知,各类型防灾避险绿地服务半径叠加基本能够满足城市居民短期和长期的避险要求。城市中心区居民步行 10 分钟以内均能到达紧急避险绿地;部分中心防灾绿地和固定防灾绿地居民步行 1 小时也均能到达,以避免突发自然灾害对居民生活造成的伤害与不便。

②劣势评价:

(a)城市防灾避险绿地空间布局不均衡。根据徐州城区现状防灾公园分布图可知,这些防灾避险绿地主要分布于主城区,以云龙湖景区为核心。其中鼓楼、泉山区较多,其余区分布较少。

(b)防灾避险绿地类型分布不均衡。紧急避险绿地在云龙区、鼓楼区和泉山区几个片区较为集中,服务半径相叠加能够满足附近居民紧急避险的要求;而在新城区和经济开发区几个周边的城市片区则较为分散且数量较少。云龙区(含新城区)、铜山区、贾汪区和徐州经济技术开发区具有固定避险能力的绿地较少;鼓楼区、铜山区、贾汪区和徐州经济技术开发区均没有具有中心防灾避险能力的绿地。

(c)防灾避险绿地基本设施缺乏。徐州城区的防灾避险绿地资源主要依托于地区本身的公园来建设,专门为防灾避险而兴建的公园和城市绿地很少。故防灾避险的基本设施较为缺乏,多数绿地只是城市防灾功能的被动承担者。

4.3.3　案例分析

4.3.3.1　金龙湖宕口公园

金龙湖宕口公园,也叫珠山宕口遗址公园,坐落在徐州市的东珠山上。东珠山高约140米,被誉为"徐州的最高山峰"。多年来,因采掘等因素,东珠山岩石堆积,宕口众多,植被与生态被严重破坏。徐州经济开发区在高铁国际商业区开工建设后,对东珠山宕口遗址进行了生态修复,并在此基础上进行了留景复绿,创建了珠山宕口遗址公园。珠山宕口遗址公园的规划理念是生态自然,"修复生态、覆绿留景"是其规划总原则(图4-3、图4-4)。

图4-3　宕口公园绿地景观
(来源:作者自摄)

79

图 4-4 宕口公园水榭景观
（来源：作者自摄）

"修复生态"是指对受损的生态环境，采取清除危岩、覆土、栽植、引水入山等方法，使其恢复原状，成为一个可循环的、洁净的生态系统；所谓"覆绿留景"，就是利用生态系统的天然修复功能，按照地形特征，对一部分岩石进行选择性覆盖，并通过挂网喷洒，在山体上形成一道绿色屏障，使具有观赏价值的岩石裸露在外，保留景观。

宜居城市建设对绿地环境的要求标准主要体现在游憩性、生态性、安全性、特色性等方面。下面从这几个方面对宕口公园进行分析。

游憩性方面，园内设有各种亭、台、廊、榭等休憩性构筑，可较好满足市民的休憩需求。园中设有园路、汀步、栈道等不同的游览方式，丰富了人们的游览体验。公园的珠山瀑布、日潭、月潭、山间云梯等成为遗址公园的亮点，参观游览者络绎不绝。

生态性方面，珠山宕口遗址公园所种的植物种类繁多，其主要目的是恢复植被、修复裸露的山体。公园植被种类多达 300 余种，物种丰富多样。其中三角枫、朴树、榔榆、黑松等乔木 60 多种，2.4 万余株，乡土树种占 87%[35]；樱花、垂丝海棠、紫薇等花灌木 100 余种，2.6 万余株；洒金珊瑚、南天竹、红叶石楠、卫矛、扶芳藤、金森女贞、六道木等绿篱 40 余品种，面积约 4.2 万平方米；各种球根、宿根、时令花卉和水生植物，如月季、八仙花、鸢尾、郁金香、蔷薇、薰衣草等 90 余种，面积约 2.9 万平方米；铺设草坪及地被麦冬等面积约 8.8 万平方米。丰富的植物应用，有效增加了公共绿地面积，提高了区域环境质量，市民的生活环境也相应得到改善（图 4-5）。

山体植物景观

入口植物景观

滨水植物景观

栈桥植物景观

安全性方面,通过对原有的废弃矿区进行改造,改变其废旧的风貌,形成良好景观,最大限度地降低地质灾害风险,提高了区域的安全度,从而提高了居民生活的安全度。

特色性方面,珠山宕口遗址公园是由采石场改建而成,采用废弃石渣作为排水槽底部的基材,其相较于普通公园更具特色性;为了实现景观的生态重建,将废弃的石渣作为建筑材料应用于道路、汀步、踏步等宕口景观中。保留原来的采矿设施和设备,并在其旁设立艺术性的标识,对其历史和功能进行简要的文字介绍,使游客能够更好地了解矿井的历史。通过绿化和景观小品的艺术改造,赋予其新的历史意义和艺术观赏价值。综上所述,金龙湖宕口公园较好地体现了场地的特色性(图4-6)。

金龙湖宕口公园为建设生态宜居城市做出了较大贡献,如:改善城市生态环境、满足居民休闲游憩需求、彰显徐州特色景观风貌、促进城市经济发展、节约土地资源等。宕口公园的建设,对徐州市的宕口遗址的生态

图4-5　宕口公园植物景观
(来源:作者自摄)

图4-6　宕口公园山体景观
（来源：作者自摄）

恢复具有一定的参考价值。曾经的城市伤痕，如今已成为一张"绿色生态"的名片，成为一颗恢复生态、覆绿留景、凝聚文化、拉动经济的"闪亮明珠"。

4.3.3.2　九里湖国家湿地公园

九里湖国家湿地公园是江苏省徐州市泉山区的一个重要组成部分，它的东部与鼓楼区相邻，北部与铜山区相连。园区周围交通便捷，环境优美。九里湖湿地原是一片由煤炭开采形成的土地，它和九里山共同构成了"湖光山色"的美景。

依据宜居城市建设指标对生态环境、人文环境、交通便宜度等的要求，对九里湖国家湿地公园在游憩性、生态性、特色性等方面进行分析。

九里湖湿地公园由庞庄煤矿采煤塌陷地而形成，为改善采煤塌陷地群众生产生活条件，提升城市生态环境，对该区域进行开发利用，形成了较大面积的自然生态环境，尤其是在丰水期的自然生态环境，为市民提供休闲度假旅游场所，有很大的资源和空间潜力且具有很高的景观观赏价值。通过实地调查发现它既有良好的生态基础设施和完善的基础设施条件，又有较好的游憩设施与服务系统。这为九里湖周边地区进行复合型旅游业开发奠定了良好基础。

从生态性方面来看，九里湖国家湿地公园的生态景观效应已初步显现，有效地改变了原采煤塌陷地地貌，如表4-6所示，在经过规划调整后,受保护湿地面积比调整前增加了 35.31 公顷,面积比例增加 26.9%,受保护湿地面积明显增加,其湿地资源明显增多[36]。在进行系统科学的规划之后,创建了更多适合野生生物的生存环境,拓展了野生动物的生存生活范围,提高了生物多样性。九里湖湿地生态效益良好表现在其动植物物种多样性上,湿地内维管束植物有 71 科 172 属 214 种,属国家一级保护野生植物的有水杉,属国家二级保护野生植物的有野大豆等。据徐州湿地保护站 1997 年的统计数据,在九里湖湿地繁殖生长及迁徙逗留的鸟类达 37 科 141 种。其中,国家一级保护野生动物有丹顶鹤,国家二级保护野生动物有白琵鹭等 14 种[37]。

表 4-6　规划后九里湖国家湿地公园土地利用面积情况

序号	土地利用类型	调整前		调整后		变化
		面积/公顷	比例	面积/公顷	比例	面积/公顷
1	有林地	6.35	4.85	20.15	12.13	13.80
2	公园绿地	11.27	8.61	32.17	19.36	20.90
3	风景名胜设施用地	0.00	0.00	0.12	0.07	0.12
4	公共设施用地	0.00	0.00	0.40	0.24	0.40
5	文体娱乐用地	0.44	0.34	2.38	1.43	1.94
6	铁路用地	2.44	1.87	0.00	0.00	−2.44
7	公路用地	0.00	0.00	3.70	2.23	3.70
8	农村道路	0.95	0.73	0.00	0.00	−0.95
9	街巷用地	0.00	0.00	0.28	0.17	0.28
10	湖泊水面	50.44	38.55	95.40	57.42	44.96
11	河流水面	5.10	3.90	3.60	2.17	−1.50
12	坑塘水面	11.02	8.42	1.43	0.86	−9.59
13	水工建筑用地	0.02	0.02	0.02	0.01	0.00
14	沼泽地	24.82	18.97	6.49	3.91	−18.33
15	采矿用地	17.98	13.74	0.00	0.00	−17.98
	总计	130.83	100.00	166.14	100.00	35.31

(来源:作者自绘)

特色性方面,九里湖国家湿地公园因其自身特殊的资源条件而形成独特的景观(图 4-7)。

| 阳光草坪 | 特色廊架 |

| 休闲栈道 | 开敞水面 |

图 4-7　九里湖公园景观
（来源：作者自摄）

九里湖国家湿地公园实现了"景观与生态和谐、人与自然和谐"的园林意境，同时较好地满足了市民的游览需求，成为改善人居环境、恢复生态景观、彰显人文特色以及建设宜居城市的园林建设典范。

4.3.3.3　潘安湖国家湿地公园

潘安湖位于徐州贾汪区西南部青山泉镇和大吴镇境内，原为权台矿和旗山矿采煤塌陷区域，该矿区是贾汪地区最长、最大、最深的煤矿沉陷区，因塌陷天然形成大面积坑塘，给矿区的生态环境和矿区周边人民的居住环境造成了严重的影响。潘安湖利用废弃采煤塌陷地兴建生态湿地公园，集基本采煤塌陷地复垦、农田再造、湿地景观开发、生态环境修复于一体，充分利用原有采煤塌陷废弃地，通过复绿、治水、育土、建景等生态修复手段，拓展、保护水源地植被，优化群落结构，增强和提高湿地综合功能。通过多层次绿化，修复生态、改善和提升人居环境，形成人与自然和谐的中国最美乡村湿地。潘安湖公园不仅提供了资源枯竭型矿区生态环境修复改造的典范，而且打造了国内煤炭塌陷地治理的里程碑式工程，开辟了煤矿塌陷区治理的新思路,在国内引起较大反响(图4-8)。

图 4-8　潘安湖国家湿
地公园景观
(来源:作者自摄)

　　依据宜居城市建设指标对生态环境、人文环境、交通便宜度、设施比例等的要求,对潘安湖国家湿地公园在游憩性、生态性、特色性、交通便宜度等方面进行分析(表4-7)。

　　游憩性方面,对潘安湖国家湿地公园生态旅游资源进行了评价,由得分可知潘安湖国家湿地公园生态价值优势明显,旅游资源价值比较突出,该公园大面积的湿地水域和农村景观使得该区域的生态旅游与生态涵养价值突出,具有较高的游憩性。

表 4-7　潘安湖生态旅游资源综合评价得分

评价综合层	得分	评价因子层	得分	排位
生态价值	40.59	生态环境质量	14.02	1
		植物多样性	3.32	6
		动物多样性	7.03	3
		植物覆盖度	7.44	2
		景观多样性	3.46	5
		脆弱性	5.32	4
旅游资源价值	18.08	知名度	2.54	9
		文化价值	2.73	8
		科考价值	2.01	12
		愉悦度	2.34	10
		奇特性	1.05	16
		完整性	1.85	13
		规模丰度概率	2.24	11
		游憩价值	3.32	7

（续表）

评价综合层	得分	评价因子层	得分	排位
开发价值	7.14	适游期	1.01	18
		可进入性	1.18	15
		基础设施完备度	1.01	19
		管理水平	0.5	21
		客源市场条件	1.59	14
		投资回报率	1.02	17
		旅游环境容量	0.83	20

（来源：作者自绘）

从生态角度分析，潘安湖湿地的天然植物和其他生物资源是最丰富的。结果表明，该地区的物种具有较高的多样性和较大的生态价值。据统计，区域内植物有480种，其中果树35种，绿植类143种，花卉类152种，水生果类5种，水生花卉类10种，水生绿植类16种；鸟类200余种，包括白鹭、天鹅等；哺乳动物20余种，包括刺猬、鼹鼠等；爬行动物20余种，包括乌龟、蛇等；两栖动物20余种，包括蝾螈、泽蛙等；鱼类40余种，包括青鱼、鲢鱼等[38]。

特色性方面，潘安湖国家湿地公园主要以生态修复景观为特色，结合农耕文化、潘安文化于自然生态景观中表达，较好地体现了场地的历史文化记忆，彰显了区域的文化特点。

交通便宜度方面，潘安湖国家湿地公园距徐州主城区18千米，距贾汪区中心城区15千米，距徐州高铁站区仅10千米。徐贾快速通道穿越景区，驱车从徐州新城区到景区仅需8分钟。

潘安湖国家湿地公园的建成，不但可以提升城市的整体形象，还可以改善城市的生态环境，扩大徐州市的生态空间[39]，使其在"南有云龙湖，北有潘安湖"的发展格局中，将徐州变成一座生态园林城市，形成贾汪与徐州市区之间的一条生态廊道，成为徐州的"后花园"，更好地营造出一座"宜居之城"。

4.3.3.4 云龙湖小南湖景区

小南湖，位于徐州市区南部的一个集旅游观光、滨湖度假、商务会议、花卉欣赏、水园游览、休闲娱乐于一体的风景区，位于云龙湖的南岸，而云龙湖的水则来源于此，两地的水在大桥下交汇，但是两个湖泊之间却有公路及绿化带将它们分开。

小南湖原是云龙湖南部的一大片洼地，在进行整体规划建设前道路、鱼埂人工堆积痕迹很重,加上杂草丛生、破烂瓦房和养鱼产生的生活垃圾,商业网点、企事业单位办公用房等占地严重,建筑物陈旧无序、荒地杂乱不堪。垃圾随处堆放,不同程度污染云龙湖水体,严重影响云龙湖景区的自然景观及生态环境,同景区整体环境极不协调,使山水自然景观在空间上形成断带。保护好云龙湖这片难得的风景资源,充分利用原有的地形地貌进行生态环境改造建设成小南湖,旨在造福徐州百姓,提高市民生活环境质量,恢复生态、提高景观质量。

依据宜居城市建设指标对生态环境、人文环境等的要求,对云龙湖小南湖景区在游憩性、生态性、特色性等方面进行分析。

从游憩性方面来看,小南湖公园具有得天独厚的山水地理条件。依水带绿的滨水景观,诗情画意,具有较好的观赏价值,适宜居民来此休憩游览,游憩观赏价值较高。

从生态性方面来看,小南湖片区的生态修复坚持生态优先,以区域保护和修复原地貌为前提,充分利用原有的景区资源,退建还绿。小南湖片区生态景观修复项目将云龙湖水面向南延展将近 1 千米,更好地再现了山水相依的自然空间布局的完整性。水面的扩大、绿地的增加,对调节徐州市区乃至周边地区空气湿度,增强水体自净能力起着重要的作用。其独特的地理环境和大量的水生植被如菖蒲、芦苇、荷花等生长,丰富了植物多样性,营造出生态功能显著、结构稳定的自然生态群落,大大提高了人居环境的质量,提高了市民的生活质量,显著提升了城市形象,彰显了徐州和谐发展的氛围。

特色性方面,小南湖的建设,坚持将景观建设与名人文化结合。苏东坡是我国宋代大文豪,曾任徐州知州近两年,深受百姓爱戴。徐州的自然山水、风土人情赋予了他丰富的创作灵感。在片区生态景观修复建设中,增加了名人文化的内容,建成苏公岛、东坡足迹图、苏公桥、东坡雕像、东坡文苑等人文景点,展现苏东坡生平及诗词作品和对徐州建设的贡献。其中,东坡文苑为一组江南风格三进院落,以展览的形式介绍"三苏"生平事迹及宋代文化。东坡足迹图直观展示了苏东坡一生的经历,其每到一处都给人们留下了一串串脍炙人口的故事,让人思绪万千,真实地反映了苏东坡坎坷的经历和多姿多彩的人生。苏公桥、苏公亭更令游人在游赏过程中领略东坡文化的魅力,较好地体现了徐州的历史文化特色。

小南湖片区山水相依的城市自然景观全国少有。景区资源得到了良好的保护、合理的利用和开发建设,有助于城市的风貌的展现、城市生态环境的改善和城市品位的提升(图 4-9)。

图4-9 小南湖公园水景
（来源：作者自摄）

4.3.3.5 珠山景区

珠山景区位于云龙湖景区南岸，东至金山南路，西连珠山北路，北接湖中路，南接湖南路。之前，景区的景观性和生态性效益均较差。山坡植被遭到大规模采伐，导致山地光秃秃的，坡面失稳，森林中的原始森林被侧柏林所取代，山地植被景观效应一般，林相结构单一。云龙湖景区周边以山地村庄为主，道路崎岖不平，景观质量不高，对风景区的整体形象造成了很大的影响。珠山景区将与云龙湖周围已经建成的公园联系在一起，使云龙湖景区的总体形象得到了进一步的提升。

依据宜居城市建设指标对生态环境、人文环境、交通便宜度、设施比例等的要求，对云龙湖珠山景区在游憩性、生态性、特色性、交通便宜度等方面进行分析。

游憩性方面，丰富的山体景观、文物古迹、古树名木，使得珠山景区具备较高的游览价值。一系列的小开放空间、亲水平台，以及在植物间穿梭的慢行步道，使得珠山景区具有更好的可达性与开放性，具有较高的游憩性（图4-10）。

从生态性来看，珠山景区植被覆盖率较高，生态性较好。通过有效措施，对山体进行修复，景观性和生态性得到较大提升。在此基础上，结合珠山景区的具体情况，选择了朴树、五针松、映山红、红豆杉、五角枫、三角枫、柳树、水杉、榔榆、乌桕、银杏、紫叶李、石榴、山楂、杏树等，以及引

图 4-10　珠山景区景观
（来源：作者自摄）

进的黄连木、红梅、水果蓝、珍珠梅、红玉兰、白玉兰等植物,采用不同植物组合和配置,打造了一个三季开花,四季常青,富有地方特色的园林植物景观。

　　从特色性来看,云龙湖珠山景区以张道陵为核心的道教文化为其主要特色,在珠山景区漫步,人们可以欣赏无极、八卦图、二十八星宿、玄珠、道教葫芦等一系列象征道教元素的特色雕塑,鹤鸣台、百草坛、天师广场、创教路、天师岭五大景点全面展示了道教文化,较好地体现了其特色,让市民在游览的同时体会到历史文化的厚重。

　　交通便宜度方面,市区多条线路的公交车(47 路、63 路、游 2 路、39路、47 路、游 1 路)可到达珠山景区四周。让市民可以充分享受到绿色带来的恬静和舒适,真正实现还绿于民,让居民的生活环境得到改善,生活品质得到提升,更有利于打造宜居城市。

5 徐州市城市绿地系统景观风貌特色评价

5.1 城市绿地景观风貌规划的基本特征

我国城市发展经历了城市规划、城市设计、城市历史文化遗产保护规划、城市风貌规划四个阶段,分别应对了近现代城市的不同需求[11]。首先,工业化导致城市数量增多,土地资源紧张,城市规划学科应运而生;其次,高层建筑的普及,要求城市关注竖向空间和重点区域的整体设计,城市设计理论帮助改善城市公共空间的品质;再次,现代建筑的同质化,使得城市缺少个性,城市历史文化遗产保护规划成为必要;最后,不仅历史文化街区需要保护,新建城区也需要与城市文化相融合,提高自身的特色和易识别性,城市风貌规划就是对城市自然文化资源的整合和应用,补充了城市规划中涉及外观、精神等方面的内容。

城市绿地景观风貌规划是城市景观风貌规划的一个专项规划,是城市特色风貌的内涵及规划建设的实现路径。城市特色风貌是指一个城市富有个性的外观风格与形象,由独具匠心的空间功能布局、别具一格的建筑风格色彩、因地制宜的环境绿化和美化等三个基本要素所构成;三个要素有机联系、相互映衬、相得益彰。城市空间功能布局是城市特色风貌的基础性要素,直接担负城市的承载能力、使用功能和结构布局,同时也具有深层的审美功能;建筑风格色彩、环境绿化和美化既要满足人们视觉需要和内心欣赏的审美功能,同时也是城市空间功能的存在形式和表现形式。

5.1.1 整体性与多样性

城市绿地景观风貌规划作为一个系统的规划,其内部各要素组成有机整体,具有自身独有的功能和层次。各要素涉及社会、历史、文化、政治、生态多个维度的不同层面,具有多样性。

5.1.2 规范性与引导性

城市绿地景观风貌规划是对城市绿地景观的空间布局、整体结构及文化内涵面貌的探索与研究,其不是具体某一区域用地规划设计的最终依据,而是对城市绿地景观建设和文化建设起到规范与引导的作用[15]。

5.1.3　阶段性与连续性

城市绿地景观风貌规划是一项需要不断调整的长期工程,其发展方向随着经济发展方向与社会运行策略的改变而变化,是针对一座城市在一个较长时间范围内的综合性规划,而不仅仅是某一时期或某一时间段的绿地景观规划,因此具有阶段性和连续性。

5.2　景观风貌分析体系构建

5.2.1　定性分析

定性分析是指通过逻辑推理、历史比较、文献分析、访谈、观察等方法,着重从质的方面分析和研究景观的属性、特征、功能、结构、格局、形态等,是以文字描述为主的研究方法。景观定性分析的目的是在看似无序的景观中发现潜在的有意义的秩序或规律,为景观设计提供依据和指导。景观定性分析可以从多个方面入手,如区位分析、交通分析、功能分析、植物分析、水系分析、视线分析等。

5.2.2　定量评价

定量评价是一种客观、标准化且精确的评价方法,它通过数学计算得出评价结论,对景观资源进行科学的分析与评价,可以指导景观资源在城市绿地系统规划中的合理配置。同时,对景观资源的整合可以为城市绿地景观结构的确定提供一定的数据支撑。而完全的精确定量评价,对于景观资源整合这个含有定性和定量综合评价成分的体系来说则无法体现其科学的价值。即便勉强进行完全的精确定量评价,也难免会因为景观资源的个别模糊性因素而无法获得精确的定量分析,最终影响整个评价体系的准确性和客观性。因此,在使用定量评价时,需要结合定性分析,以更全面地反映评价对象的多方面特征和发展状况。

5.2.3　定性分析与定量评价相结合

层次分析法(AHP)是一种多目标决策,主观赋值评价方法,由美国运筹学家 Saaty 于 20 世纪 70 年代提出。它的基本思想是将一个复杂的问题分解为多个层次,包括目标层、准则层和方案层,然后通过成对比较的方式,利用1—9标度法给出各因素之间的相对重要性,计算出各层的权重向量,并进行一致性检验,最后得到总排序或最优方案。

5.2.3.1 层次分析法的特点

(1)可以结合定性和定量分析,简化复杂问题的决策过程,适用于多领域多方面的问题。

(2)可能存在主观性和不一致性,需要进行修正和验证。

5.2.3.2 层次分析法的具体步骤

(1)明确问题。

确定评价目标和评价对象。评价目标是指要解决的问题或决策的目的,例如选择最佳旅游地、评价员工绩效等。评价对象是指要进行比较或评价的方案或实体,例如不同的旅游地、不同的员工等。在此基础上,将问题所包含的全部要素分解成自上而下等级排列的若干层,以便分析相互之间的支配作用或影响。

(2)递阶层次结构的建立。

首先根据数据对整个问题的重要程度建立一个具有层次结构的评价体系。其次应根据前期对问题的分析和了解,明确问题所包含的各个因素,按照是否共有某些特征将其归纳成组。对于它们之间共同具有的某些特性,将其看成是系统中新的层次中的一些因素,同时,这些因素本身也按照另外的特性组合起来,从而形成更高层次的因素。按照这样的方法层层递进,直到最终形成单一的最高层次因素。在这个递阶层次结构中,最高层是目标层,中间层是准则层……最底层是方案层或措施层(图5-1)。

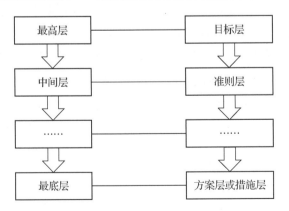

图5-1 层次分析法递阶层次结构
(来源:作者自绘)

(3)建立两两比较的判断矩阵。

判断矩阵是指对同一层次的各元素关于上一层次中某一准则的重要性进行两两比较,构造一个方阵,并用数值表示比较结果。一般可以采用

Saaty 的 1—9 标度法,即用 1 表示两个元素同等重要,用 3 表示一个元素比另一个元素稍微重要,用 5 表示一个元素比另一个元素明显重要,以此类推,用 2、4、6、8 表示中间程度。判断矩阵应该满足以下性质:对角线元素为 1;如果 a_{ij} 表示第 i 个元素相对于第 j 个元素的重要性,则 $a_{ji}=1/a_{ij}$;矩阵应该是正互反矩阵,即所有元素都是正数,并且满足上述两条性质(表 5-1)。

表 5-1　判断矩阵

Cs	p_1	p_2	$\cdots$	p_n
p_1	b_{11}	b_{12}	$\cdots$	b_{1n}
p_2	b_{21}	b_{22}	$\cdots$	b_{2n}
$\cdots$	$\cdots$	$\cdots$	$\cdots$	$\cdots$
p_n	b_{n1}	b_{n2}	$\cdots$	b_{nn}

(来源:作者自绘)

判断矩阵具有以下特征: $b_{ii}=1$; $b_{ji}=1/b_{ij}$; $b_{ij}=b_{ik}/b_{jk}(i,j,k=1,2,\cdots,n)$。其中, b_{ij} 是经过反复研究确定的基于数据和专家意见的分析数据。应用层次分析法,还应保持判断思维的一致性,矩阵 b_{ij} 应满足上述三个关系,即确定矩阵一致性的基本条件。另外,一致性测试也是基于 $C.I.$(concordance index,一致性指数)的。

$$C.I.=\frac{(\lambda_{\max}-n)}{(n-1)} \tag{5-1}$$

注: λ 表示最大特征根; n 表示唯一非零特征根。

$C.I.=0$,有完全的一致性。

$C.I.$ 接近于 0,有满意的一致性。

$C.I.$ 越大,不一致越严重。

(一般认为,矩阵阶数 n 与一致性指数 $C.I.$ 呈正比例关系。)

$C.R.$(consistency ratio,一致性比率)表示判断矩阵一致性指数 $C.I.$ 与同阶 $R.I.$(random index,平均随机一致性指标)之比:

$$C.R.=\frac{C.I.}{R.I.} \tag{5-2}$$

一般认为,式(5-2)数值<0.1 时,判断矩阵具备可接受一致性,若数值结果相左,则需对判断矩阵进行调整与修正从而达到满足 $C.R.<0.1$ 的条件。当 $n<3$ 时,判断矩阵总是完全一致的。

（4）层次单排序。

所谓层次单排序，是指根据判断矩阵计算对于上一层某同素而言本层次与之有联系的同素的重要性次序的权值。这就需要计算判断矩阵的最大特征向量，最常用的方法是和积法与方根法。

（5）层次总排序。

层次总排序是指综合各层的权重向量，得到最下层元素（即评价对象）相对于最上层元素（即评价目标）的总权重向量，即最终的评价结果。一般可以采用以下步骤进行层次总排序：首先将各层的权重向量按照层次结构模型进行排列，形成一个矩阵；然后将矩阵的每一列进行乘积运算，得到一个向量；最后将向量进行归一化处理，得到总权重向量。层次总排序的一致性检验是指检验整个层次结构模型是否存在逻辑矛盾或偏差，即是否满足传递性。

5.2.2.3　建立评价因子指标体系

城市景观资源评价体系的建立，首先要明确城市景观资源价值以及各要素之间的隶属关系，其次要分析影响景观资源要素价值的因素，如奇特度代表城市景观的个性与特色以及景观资源区别于其他城市的新奇性。最后基于层次分析法的逻辑结构将所有因素分成三个层次：总目标层、项目层与因子层。其中景观资源价值处于最上层的总目标层，资源要素价值与社会影响力位于中层的项目层，而各基本影响因子位于最下层的因子层（图 5-2）。

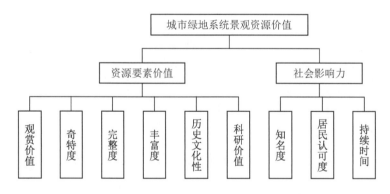

图 5-2　城市绿地系统景观资源定量分析影响因子
（来源：作者自绘）

5.3　徐州市城市绿地系统景观资源整合

徐州是一座自然资源和人文资源都非常丰富的城市，城市整体的绿地建设较为完善。近几年，徐州绿地生态发展迅速，本书在介绍徐州城市概况和绿地系统规划基本情况之后，将运用城市绿地系统景观资源整合的方法,通过整理分类、分析评价和分层次运用三个步骤,对徐州当地的景观资源进行全方位的整合,希望能对徐州绿地景观风貌规划提出科学、合理的优化建议。

5.3.1 徐州市城市绿地系统景观资源整合目的与原则

5.3.1.1 目的

对徐州市绿地景观资源进行整合是为了在此基础上对徐州市的绿地景观资源进行评价与分析,并且运用定性分析与定量评价相结合的分析手法,用理论指导实践,对徐州市绿地景观资源进行合理的配置,实现绿地资源最优化、最合理化[40]。通过整合徐州绿地景观资源可以为城市绿地景观结构提供数据支撑,使绿地规划更加具有合理性与科学性,并且能够体现徐州独特的景观风貌。

5.3.1.2 原则

(1)定性与定量相结合。

定性分析是人对事物的存在的一种感受,绿地景观资源具有这种可以被人们感受的特性,这是一种感性的认知。而对徐州整体绿地景观资源进行评价分析,也是需要这种感性的认知,因为人群对绿地的感受也是评价景观资源优劣的一项重要的指标。但是只有定性的感受显然是缺乏合理性与科学性的,为此也要使用定量评价,为绿地景观资源的评价提供理论性的数据支撑。

(2)突显城市特色。

每座城市都有它独特的城市底蕴与风貌,为了避免"千城一面"的现象,在进行景观资源整合的过程中,突显城市特色显得尤为重要。进行景观资源的整合时,要找出最具有特色、最具有典型性的景观资源,塑造徐州独特的景观风貌。因此,突显徐州的特色景观资源是贯穿整个资源整合过程的重点。

(3)增强系统性和整体性。

城市特色不是由单一的景观资源组成的,而是由各个不同的景观资源共同组成,各个景观资源进行整体化、系统化之后呈现出徐州整体的特色景观风貌。所以在进行景观资源整合的过程中,应该增强景观资源的系统性、整体性,避免景观资源的杂乱无序。

(4)确保可实践性。

景观资源的整合以及评价需要一定的实践性,能够在现实中知道绿地景观风貌的规划,要有可操作性及普遍性,步骤要清晰明确,方法要简单可行。

5.3.2 徐州市城市绿地系统景观资源整理分类

5.3.2.1 整理

(1)查阅文献资料。

本书参考《徐州市志》和徐州城市规划相关专业资料,以及中国知网的相关文献,对徐州的特色景观风貌有了初步了解,并进行初步整合。

(2)实地调研。

项目研究需要徐州实地调研,体验徐州的特色和文化风貌。通过照片和文字记录,深入认识和了解徐州的景观资源,进一步整合完善徐州景观资源。

(3)发放调查问卷。

在徐州进行实地调研期间,通过发放问卷与访谈的方式,从不同角度重新认知徐州的景观资源,弥补资料查询及实地调研的不足,也为下面的定量分析提供了数据的支撑。问卷发放范围涵盖专业人士和非专业人士,如园林局工作人员、市民和游客,同时也对部分人群进行了访谈。调查结果显示,云龙山、云龙湖景区、两汉文化、九里山古战场、矿产资源、废弃矿山生态改造公园、徐州汉画像石、山水风貌、徐州剪纸等景观资源拥有较高的群众认可度。

通过以上步骤的调查分析,本书将徐州城市绿地系统景观资源整理为16项,涉及城市自然风貌、历史文化、民风民俗等方面,分别是山水格局、平原地貌、采煤塌陷地景观、乡土植物、汉文化景区、古战场遗迹、地下文物遗迹、徐州传统街巷、徐州民居建筑、京杭大运河、宗教文化、曲艺文化、民间工艺文化、饮食文化、传统庙会、采矿业。

5.3.2.2 分类

(1)自然景观。

自然景观一般包括城市发展所依靠的山水环境、动植物资源以及本地独特的气候条件。城市景观风貌规划可以保护为前提,人为对自然景观进行规划改造。

(2)人文景观。

人文景观一般包括城市发展过程中建设的具有本地特色的建筑物以及遗留下的历史文化遗产。

5.4 徐州市城市绿地系统景观资源定性分析

5.4.1 自然景观资源

5.4.1.1 山水格局

　　"群山环抱,一脉入城;两河相拥,一湖映城。"徐州自然景观条件十分优越,环城72座山峦连绵起伏,9条河流穿城而过,7大湖泊交相辉映,"一城青山半城湖"的生态美景在北方少有,"山包城,城包山"是其地貌特征(图5-3)。

5.4.1.2 平原地貌

图5-3 徐州山水格局
(来源:作者自摄)

　　徐州地形以平原为主,平原面积占全市面积的90%左右,平均海拔为30～50米,平原总地势由西北向东南倾斜,平均坡度为1/7 000～1/8 000。徐州市的平原主要分为两大类:一是河漫滩平原,主要分布在淮河、故黄河、新安河等河流的两岸,是一些低洼、湿润、肥沃的冲积平原;二是风成沙丘平原,主要分布在徐州市西部和南部,是一些高低起伏、干旱、贫瘠的风沙堆积平原。

　　除了平原外,徐州市还有少量的丘陵和山地,主要集中在市区中部和东部。这些丘陵和山地多由花岗岩、片麻岩等岩石构成,海拔一般为

100—300 米,最高点为九里山的大洞山,海拔达到 293.6 米。这些丘陵和山地多呈南北走向,与淮河断裂带一致。

徐州市的地质结构比较简单,属于华北板块的东南缘。从地壳结构来看,徐州地壳厚度变化较小。莫氏面(地面与地幔的分界线)平均深36 千米左右,康氏面(花岗岩与玄武岩的分界线)平均深 20 千米,一般是西部较深。

5.4.1.3 采煤塌陷地景观

徐州作为有名的煤矿城市,拥有丰富的矿产资源,但由于多年开采形成了大大小小的采煤塌陷地。这部分土地多处于生态环境及社会环境较为敏感的城乡接合部,对城市的生态建设和持续发展也有一定的制约,亟须通过生态恢复措施进行整治。

5.4.1.4 乡土植物

徐州拥有丰富的植物资源,如侧柏、洒金千头柏、桧柏、臭椿、楝树、三角枫、五角枫、榆树、榉树、朴树、海棠、杏、紫叶李等树种在各类绿地中被广泛应用。徐州历史乡土植物景观资源也相当丰富,历代文人的诗词歌赋中,有许多对徐州乡土植物景观的描写。另外,徐州的市树银杏、市花紫薇也是徐州的特色乡土植物。

5.4.1.5 矿产遗址

徐州是有名的煤城,煤矿行业历史悠久。如今的徐州拥有丰富的近代矿业遗产资源和大量因采矿而留下的特殊地貌。

5.4.2 人文景观资源

5.4.2.1 汉文化景区

徐州是刘邦故里,具有特殊的政治地理位置,经过几千年的历史沉淀,徐州遗存了许多珍贵的文物,这也是徐州历史名城的一大特色。徐州发现和发掘两汉文化古迹众多,其中汉兵马俑、龟山汉墓、汉画像石最具代表性(图 5-4)。景区内有狮子山楚王陵、汉兵马俑博物馆、汉文化交流中心等两汉文化精髓景点,以及汉文化广场、市民休闲广场、棋茶园等景点。

5.4.2.2 古战场遗迹

徐州由于其特殊的地理位置,向来是兵家必争之地。九里山是徐州最负盛名的古战场遗址(图 5-5),同时也是徐州市的天然屏障。徐州如今还存有其他战场遗址,例如戏马台、吕布射戟台、南北朝时期吕梁大战的吕梁、曹操斩吕布的白门楼、淮海战役遗址等。

5.4.2.3 地下文物遗迹

城市中心存在某些地下文物遗址,如彭城广场的城下城遗址等。

5.4.2.4 徐州传统街巷

徐州处于苏鲁豫皖交汇处,因此,徐州这座城市汇集了多种地方的文化,有着浓厚的地方特色,徐州的传统街巷融合了北方和南方各个地方的

图 5-4 汉文化景区
(来源:作者自摄)
图 5-5 九里山古战场
遗址
(来源:作者自摄)

特色,形成了不同于苏州等其他城市的水乡风貌。

5.4.2.5 徐州民居建筑

徐州作为连接南北的交通要道,建筑风格既有南方的轻巧秀丽,又有北方的雄浑厚重,南北兼融,形成了属于自己的独特风格,同时也是徐州珍贵的文化遗产。徐州现存的建筑以明清建筑为主,例如户部山古建筑群、李可染故居、窑湾古镇等(图5-6)。

图5-6 徐州民居建筑
(来源:作者自摄)

5.4.2.6 京杭大运河

京杭大运河(徐州段)是徐州重要的一条水系,这条运河贯穿南北,给徐州带来了许多发展机遇,使得南北文化交流,东西风俗融合。

5.4.2.7 宗教文化

徐州是中国重要的道教发源地之一,有着悠久的道教历史和丰富的道教遗存。徐州道教的起源可以追溯到战国时期的方仙道和汉代中后期的黄老道,以及张道陵创立的天师道。徐州是天师道的第二代传承地,张鲁在此建立了汉中政权,推广了五斗米教,并与东汉政府进行了长期的抗争。徐州也是早期道教创始人张陵、张衡、张角、张脩等人的出生地或活动地。徐州还是先秦秦汉道家思想的重要发祥地,老子、庄子、列子等都曾在此讲学或留下著作。徐州的道教遗存还有如沛县神仙林、大洞山碧霞祠、彭祖园(图5-7)、彭祖庙等等。

图 5-7　彭祖园
（来源：作者自摄）

5.4.2.8　曲艺文化

徐州的曲艺文化、民间舞蹈也是独具特色的。徐州曲艺既有北方的豪迈、奔放、热情的风格，又具有南方的婉约、柔美的特点。徐州当地特色的戏曲历史悠久，有柳琴戏、柳子戏、花鼓戏、梆子戏、徽剧、京剧、四平调等。

5.4.2.9　民间工艺文化

徐州的民间工艺文化丰富多彩，发扬民间工艺也是发展徐州景观风貌的一种手段，徐州优秀的民间工艺有邳州农民画、邳州农村生活剪纸、邳州纸塑狮子头、沛县泥模玩具、徐州吉祥面具、徐州剪纸（图 5-8）、徐州手工香包（图 5-9）等。

图 5-8　徐州剪纸艺术
图 5-9　徐州香包
（来源：作者自摄）

5.4.2.10 饮食文化

徐州菜是中国饮食文化的一个重要的流派。徐州菜以鲜为主,注重饮食的疗效,有浓郁的徐州特色。

5.4.2.11 传统庙会

徐州传统庙会,融合了民间艺术、宗教信仰,并且富有徐州特色,著名的有云龙山庙会、泰山庙会等。

5.5 徐州市城市绿地系统景观资源定量分析

5.5.1 定量分析的必要性

当今时代是数理科技飞速发展的时代,要求研究者在城市景观规划分析中运用科学理性的思维与方法,而摒弃通过具有强烈情感和针对性的文字高度概括景观资源的、缺乏科学严谨性的传统主观评价方法。城市空间包罗万象,复杂多变,是由城市居民与诸多其他城市景观要素在内的多元统一的空间复合体。因此,在城市景观资源评价时,应当以定量分析法为出发点,分层次、多角度、全方面统筹安排,根据城市客观特点以及各类景观要素的地位和作用设置科学的评价指标,把握城市景观资源构架,推动城市景观资源数据库的建立。

综上,定量分析法可以科学、客观、全面地评价城市绿地系统的各项效益和水平,为城市绿地系统的规划、建设、管理和保护提供数据支撑和决策依据。

5.5.2 定量分析的可行性

城市景观资源评价中最重要的工作是对各类城市景观资源进行科学且合理的量化比较。而定量分析法又作为一种模糊的综合评价法,可以通过运用数值化或归一化的方法,将城市景观资源转化为可比较的指标和得分,可以避免主观偏差和误差,提高评价的客观性和公正性。同时,通过运用 GIS、RS、AHP 等技术,可以对城市景观资源进行空间分析和可视化,以便更清晰地把握城市景观资源的空间分布和变化,提高规划的合理性和有效性。

通过运用定量分析法,可以对不同的规划方案进行比较和评价,可以发现规划中存在的问题和不足,可以为规划方案的选择和优化提供依据。

同时,通过运用定量分析法,可以对未来的城市景观资源进行预测和模拟,为规划方案的调整和更新提供参考,促进城市景观资源规划的创新和优化。

因此,景观资源的定量分析具备很高的可行性。

5.5.3 确定评价因子权重体系

在确定评价因子权重的过程中,最重要的步骤是构造两两比较的判断矩阵,判断矩阵表示针对上一层次某因素,本层次与它有关因子之间相对重要性(或因子间对上一层次因子的贡献率大小)的比较。层次分析法中,通过对资料数据、专家意见和相关人员经验进行反复研究,对同一层次的每两个因子进行比较,采用1—9标度方法(表5-2),确定其对于上一层次某因素的影响程度的高低,对不同情况的评比给出数量标度,从而使不同因子的影响程度得到定量的描述。

表5-2 标度方法

标度	定义与说明
1	两个元素对某个属性同样重要
3	两个元素比较,一元素比另一元素稍微重要
5	两个元素比较,一元素比另一元素明显重要
7	两个元素比较,一元素比另一元素重要得多
9	两个元素比较,一元素比另一元素极端重要
2,4,6,8	表示需要在上述两个标准之间折中时的标度

(来源:作者自绘)

5.5.4 确定评价因子指标分值

在得到各影响因子的权重后,根据评价因子的含义,邀请专家对某景观资源进行模糊打分。将每个评价因子指标分为模糊等级,如优、良、中、差、极差等;然后,对评价因子指标赋值,用实数区间表示因子指标分值的范围,每个区间对应一个等级(表5-3)。

由于景观资源本身的特性,不同地方的人对于不同地方景观的感知度也会不一样,不同专家之间的评价结果可能会有所不同。因此,在对专家评析结果进行总结的时候,应该对外地专家和本地专家比例进行分类和权重,使得结果更加科学合理。

表5-3　评价因子指标分赋值标准

评价因子	计分等级				
	10—8	8—6	6—4	4—2	2—0
观赏价值	极高	很高	较高	不高	较低
珍稀或奇特度	非常罕见	少见	较少见	较普通	很普通
完整度	非常完整	很完整	完整	不完整	很不完整
丰富度	非常丰富	很丰富	较丰富	较少	很单一
历史文化性	极高	很高	较高	较低	没有
科研价值	极高	很高	较高	较低	没有
知名度	国际知名	国内知名	省内知名	地区知名	不知名
居民认可程度	极高	很高	较高	较低	不认可
持续时间	非常长	很长	较长	较短	很短

（来源：作者自绘）

5.5.5　整理数据结果

对城市各个景观资源的所有因子赋值打分后，可根据式(5-3)计算出其综合评价分。

$$A = \sum_{n}^{1} W_i P_i \qquad (5\text{-}3)$$

式(5-3)中：A 即绿地特色资源综合评价值；W_i 即第 i 个评价因子的权重值($W_i > 0$，$\sum W_i = 1$)；P_i 即第 i 个评价因子的指标分($i = 1, 2, \cdots, n$)；n 即评价因子的数目。将各位专家对每个景观资源打出的综合评价分相加，并求得每个景观资源的平均综合评价分，作为该项景观资源的综合指标分值[40]（表5-4）。

表5-4　徐州城市绿地系统景观资源综合指标分值一览表

景观资源类别		徐州城市绿地系统景观资源	综合指标分值
自然景观资源	地形地貌	山水格局	7.273
		平原地貌	5.387
		采煤塌陷地景观	7.179
	生物资源	乡土植物	7.051
	社会经济	矿产遗址	6.482
人文景观资源	历史遗迹	汉文化景区（汉墓、汉兵马俑、汉画像石）	8.159
		古战场遗迹	7.188
		地下文物遗迹	7.213

景观资源类别		徐州城市绿地系统景观资源	综合指标分值
人文景观资源	城市形态	徐州传统街巷	6.444
		徐州民居建筑	6.011
		京杭大运河（徐州段）	6.929
	宗教流派	宗教文化	6.351
	地方文化	曲艺文化	6.656
		民间工艺文化	6.406
		饮食文化	5.633
		传统庙会	5.759

（来源：作者自绘）

通过对资源评价分值数据进行分层次排列，可将全部景观资源分为Ⅰ类与Ⅱ类景观资源。其中界限分值和数量比例的确定需要注意根据城市自身特点与具体情况而进行，不可一概而论。

基于上述研究，徐州Ⅰ类景观资源可分为汉文化景区、采煤塌陷地景观、山水格局、古战场遗迹、地下文物遗迹、乡土植物6项。Ⅱ类景观资源可分为：徐州传统街巷、徐州民居建筑、京杭大运河（徐州段）、宗教文化、曲艺文化、民间工艺文化、饮食文化、传统庙会、采矿业。平原地貌得分较低，不予考虑[30]。

5.6 徐州市主城区城市绿地景观风貌特色营建

"特色"和"风貌"是两个相关但不同的概念。"特色"是指一个事物或一种事物显著区别于其他事物的风格和形式，是由事物产生和赖以发展的特定的具体的环境因素所决定的，是其所属事物独有的。"风貌"是指事物所表现的独特的色彩、风格、特征等。"特色"是事物的内在属性，"风貌"是事物的外在表现："特色"是由事物本身的性质、功能、历史、文化等因素决定的，是事物的本质特征；"风貌"是由事物的形态、色彩、风格等因素构成的，是事物的形象特征。"特色"是事物的个性，"风貌"是事物的气质；"特色"是事物与其他事物相比所具有的独特之处，是事物的差异性；"风貌"是事物所散发出来的氛围和感觉，是事物的共性。"特色"是事物的核心，"风貌"是事物的外延；"特色"是事物最具代表性和影响力的部分，是事物的精华；"风貌"是事物在空间和时间上的延伸和展示，是事物的外壳[40]。

"城市特色"是一个城市在物质形态、社会文化和经济发展等方面与众不同的特质,是一个城市独有的风格和形象,是由城市赖以产生和发展的特定的具体的环境因素所决定的。这种环境因素可分为"物质形态"与"非物质形态"。前者具体表现在自然环境、城市基础设施、建筑外观形态等方面,而后者则更多体现在城市社会历史文化制度等方面。例如,杭州的城市特色是以西湖为核心的水乡风光,以及以阿里巴巴为代表的互联网产业。

城市绿地景观风貌的营建是基于城市总体规划与自身客观条件而对城市绿地景观各个要素进行重新整理设计,以期凸显城市魅力的过程。其过程可细分为微观和宏观两个方面。宏观方面,是基于总体规划的城市绿地景观总体定位;微观方面,则是基于详细规划的城市绿地景观风貌分区控制、风貌核控制、风貌带控制以及风貌符号控制。

徐州地区矿业历史悠久,早在西汉时期就有"彭城有铁官"的记载。晚清时期,两江总督左宗棠认为,徐州地区煤铁资源丰富,可用于军需以及民用各行各业,尤其是对于军备,可解除内忧外患,同时还可以振兴淮海经济。他上奏清廷,建议立即着手开办徐州地区矿务,由此拉开了徐州近代矿业的序幕。

因此,徐州在很多人的印象中,是苏北的煤矿基地,拥有了江苏省绝大部分的煤矿产业。但是近几年,徐州基本上摘掉了其煤矿基地的帽子,赢得"一城青山半城湖"的美誉。下面就针对徐州成为生态园林城市之后的情况,对其城市景观风貌作整体分析。

5.6.1 城市绿地景观风貌定位

徐州是一座历史悠久、文化底蕴深厚的城市,曾经是楚国的东部重镇,也是汉朝的第一都城。徐州拥有丰富的自然资源和历史文化资源,如汉文化景区、龟山汉墓景区、戏马台公园、楚园等,展现了雄浑恣肆的千古雄风和浪漫奔放的楚风汉韵。徐州也是一座生态优美、绿色发展的城市,以西部山区为主体的青山翠拥,以运河、湖泊为主线的碧水穿流,以七湖为核心的湖城相映,构成了恢宏大气的城市绿地景观格局。

徐州市域城镇空间总体是以中心城镇为节点,依托快速交通而形成的,其主要特征为"一个规划区""一条城镇景观发展轴""一条徐州城镇对接江苏运河得到统筹发展带""一条新沂南向对接江苏省沿海城镇发展轴的城镇联系通道"。

　　徐州市城市绿地景观风貌定位是以"青山翠拥,碧水穿流,湖城相映,恢宏大气"为主题,突出"楚风汉韵"的历史文化特色,打造具有徐派园林风格的现代生态园林城市。徐派园林是江苏省北部地区形成的一种独特的园林造园风格,具有相地布局舒展和顺、用石理水厚重秀雅、植物配置季有景出、园林建筑兼南秀北雄、小品铺装形意兼备等特点。徐州市在城市绿地景观规划建设中,要充分利用自然资源和历史文化资源,结合现代科技和艺术手段,创新设计理念和方法,提升城市绿地景观质量和功能。

　　徐州景观,是城市绿地景观风貌规划的背景,以城市各类绿地为支撑。

　　徐州文化,是城市绿地景观风貌规划的灵魂,以"九州故里、戏曲之乡、南北交融、大汉之源"为支撑。

　　徐州水域,是城市绿地景观风貌规划的活力,依托云龙湖、京杭大运河以及故黄河等水域网络,结合绿地综合发展。

　　徐州产业,是城市绿地景观风貌规划的动力,以多元化产业经济为支撑。

　　具体而言,徐州市城市景观风貌定位规划应做到以下几点:

　　(1)保护和利用好标志性景观资源,如汉文化景区、龟山汉墓景区等,强化其历史文化内涵和艺术表现力,增加其吸引力和影响力。

　　(2)挖掘和提升特色景观资源,如戏马台公园、楚园等,突出其与徐州历史文化的关联性和代表性,增加其辨识度和感染力。

　　(3)开发和改造二级景观资源,如采煤塌陷地生态修复景观区、废弃采石场生态修复区等,利用其特殊的地形地貌和生态条件,创造出与众不同的自然美学效果。

　　(4)规划和建设三级景观资源,如公园绿地、街道绿化、屋顶绿化等,形成"一核多心、点面均布"的公园绿地景观体系,提高城市绿化覆盖率和可达性。

　　(5)遵循和发扬徐派园林风格,注重空间布局的舒展和顺、水景的厚重和秀雅、植物的季节变化和自然感、建筑的风格和谐和创新、小品的形式和意义,营造出富有徐州特色的园林艺术氛围。

5.6.1.1　生态恢复背景下的城市生态格局

　　在生态恢复的背景下,徐州市制定了《徐州市"十四五"生态环境保护规划》和《徐州市国土空间总体规划(2021—2035年)》,对城市生态格局的开发与规划进行了系统部署,为创建"国家级生态园林城市"做了积极努力。

　　《徐州市"十四五"生态环境保护规划》贯穿"多规合一"主线,是徐州未来十五年国土空间保护、开发、利用、修复和指导各类建设的行动纲领，也是实施国土空间用途管制的基本依据。该文件提出了徐州市生态环境保护规划的指导思想、基本原则、发展目标和实现路径，并通过实施绿色低碳发展、大气污染治理、水环境综合整治、土壤和农业农村污染治理、生态保护修复、环境风险防控等9项重点任务对生态环境保护工作进行部署。同时，同步编制了11个配套专项规划作为该文件的附件。

《徐州市国土空间总体规划（2021—2035年）》提出了徐州市的城市发展定位为国家综合枢纽、淮海中心城市、工程机械之都、历史文化名城，并提出了构建"山水交融、中部都市、两翼田园"的国土空间总体格局，构建"一主、两轴、四区、五副"的全域城镇空间格局，在市辖区构建了"一主两翼、三带四组团"的空间结构。同时，强调要深化区域协同，共建省际同城联动示范区。

为了创建"国家生态园林城市"，徐州市近年来围绕山和水，主要通过实施显山露水、退渔还湖、去港还湖、扩湖增水、湿地修复（采煤塌陷地）、宕口治理、荒山绿化等典型项目，对山水资源持续进行生态治理和修复，消灭"地球伤疤"。在生态环境保护规划和国土空间规划的指导下，采取了一系列的措施，如：

（1）加强生态环境治理。

徐州市坚持以碳达峰、碳中和为引领，推动绿色发展，调整产业结构和能源结构，减少碳排放，实现低碳转型。徐州市还制定了《徐州市碳达峰行动方案（2021—2025年）》，明确了碳达峰目标、路径和措施，力争在2025年前实现全市二氧化碳排放达峰。徐州市坚持协同治理，改善大气环境，降低 PM 2.5 浓度，提高优良天数比例。徐州市制定了《徐州市大气污染防治条例》，明确了大气污染防治的责任主体、监管措施、法律责任等内容，强化了对燃煤、工业、交通、扬尘、农业等污染源的管控，规范了大气环境质量监测和信息公开程序，提高了大气污染防治的法治化水平。

徐州市确定了 1 521 项治气重点工程项目，涉及燃煤锅炉淘汰改造、工业企业清洁生产、交通运输绿色低碳、扬尘综合治理、农业秸秆综合利用等领域，预计可减少 PM 2.5 排放量 1.6 万吨，减少氮氧化物排放量3.6 万吨，减少挥发性有机物排放量 1.9 万吨。

（2）推进生态修复保护。

徐州坚持生态优先、绿色发展，加强自然生态系统保护，划定生态保护红线，严格控制开发强度，保护生物多样性，建设国家生态文明试验区。坚持山水林田湖草系统治理，加快推进矿山、采煤塌陷地、河湖、湿地等生态修复工程,实施南水北调东线徐州地区山水林田湖草一体化修复治理,提升生态系统服务功能。

徐州市域范围内需要保护和建设的重要生态服务功能区,包括自然保护区、风景名胜区、森林公园、地质遗迹保护区(公园)、洪水调蓄区、重要水源涵养区、清水通道维护区、重要湿地、生态林区以及特殊生态产业区几种类型。

对于河道类线状湿地,在遵循原地形肌理的基础上,适当扩大河道水体面积,重要水景区考虑水生植物栽植,丰富水面层次。其他水域以净化水质功能强的水生植物为重点,人工栽种湿地植物进行湿地生态系统修复,改善入湖(库)水质。

对于人文景观保护区,在充分保护的基础上,根据适当时机,适时恢复部分遗迹原貌,同时营造景观林,使自然与人文有机结合。

对于湿地公园,集"生态环境修复、湿地景观开发、基本农田再造、采煤塌陷地复垦"于一体。充分利用原有煤矿坍陷废弃地,通过复绿、治水、育土、建景等生态修复手段,拓展、保护水源地森林植被,优化群落结构,增强湿地综合功能。通过多层次绿化,修复生态、改善和提升人居环境,形成人与自然和谐的中国最美乡村湿地。

(3)优化城市景观风貌。

通过对现状进行生态修复以优化徐州整体生态格局,城市生态格局的基准点就是城市绿地系统的布局。

徐州城区绿地系统结构可基本概括为"两带、四楔、三环、十三廊"[41]。

①"两带":规划强调故黄河与京杭大运河的滨水绿地建设,以期形成蓝绿交映的生态廊道(图5-10)。

图5-10 故黄河公园
(来源:作者自摄)

②"四楔"：规划区东北、西北、东南、西南四个方向呈楔入状布置山林绿地和生态湿地，主要的生态资源有大洞山、潘安湖湿地公园(图 5-11)、大黄山湿地(森林)公园、吕梁山风景区、云龙湖景区、泉润湿地公园、桃花源湿地公园、九里湖湿地公园以及微山湖湿地等。通过将外围的绿地渗透到城市中心来，为徐州市的城区提供兼具生态过渡功能与休闲游憩功能的绿色景观渗透带，也构成了徐州规划区内的主要开敞空间格局。

图 5-11　潘安湖湿地公园
(来源：作者自摄)

③"三环"：规划区域的外环公路、现状的环城高速公路和三环路的两侧的绿地形成了三个绿色环带，进一步强化了规划区的绿地空间结构[41]。

④"十三廊"：结合由主城区向外放射的徐韩公路、徐丰公路、徐商公路、徐萧公路、北京路、徐淮公路、徐贾公路、城东大道、徐沛快速通道、344 省道、324 省道、玉带大道、中山路南延段等 13 条国道、省道以及高速公路、铁路、小型河道等构筑景观廊道，展现沿线的自然人文景观特色，加强规划区绿地系统内外之间的联系和交融。

徐州城乡空间结构可基本概括为"一环、四楔、四横、六纵"。

①"一环"：环城高速大型生态防护林带。

②"四楔"：在中心城区四周，由云龙山风景名胜区(图 5-12)、九里山绿地(北)、杨山—大山绿地(东)、拖龙山绿地(东南)构成联系城市绿地系统与外围生态绿地的重要廊道。

图5-12 云龙山风景区
（来源：作者自摄）

③"四横"：横跨市域的微山湖—铜北山地生态公益林—贾邳山地生态公益林—邳北国家银杏博览园，义安山生态公益林—霸王山生态公益林—九里山生态风景林—京杭大运河沿岸防护林带—骆马湖湿地，云龙湖风景名胜区生态风景林—娇山湖风景区生态风景林—拖龙山生态风景林—大龙湖风景区湿地与风景林—故黄河下游湿地—吕梁山风景区生态风景林—铜睢邳生态公益（风景）林，房亭河湿地与沿岸防护林带。

④"六纵"：纵穿市域的大沙河湿地与沿岸防护林带，微山湖—铜北山地生态公益林—城北采煤塌陷区湿地—故黄河上游湿地—云龙湖风景名胜生态风景林，大洞山生态风景林—贾汪采煤塌陷区湿地—大黄山采煤塌陷区湿地—大庙山地生态风景林—故黄河下游湿地—拖龙山生态风景林—杨山头生态风景林地，邳北生态公益林—中运河湿地与沿岸防护林带—骆马湖湿地，沂河湿地与沿岸防护林带—骆马湖湿地，沭河湿地—马陵山防护林带。

5.6.1.2 均衡公园布局，改善城市风貌

徐州目前有多个公园和自然景点，如彭祖园、云龙湖、云龙山、徐州滨湖公园、大龙湖、窑湾古镇、泉山、潘安湖湿地公园等。这些公园和自然景点分布在徐州市不同的区域，有些位于市中心，有些位于郊区，有些靠近山水，有些靠近工业区。这些公园和自然景点各有特色和功能，但也存在一些问题和不足，如规模不均衡、功能单一、景观单调、管理不善等。

基于徐州公园分布现状,徐州应构建"一核两带三区四轴"的公园空间分布格局,其中"一核"指的是中心城区,"两带"指的是沿淮生态文化带和沿运河生态文化带,"三区"指的是东部新城区、西部新城区和南部新城区,"四轴"指的是淮海经济区发展轴、运河文化发展轴、京杭大运河发展轴和京沪高铁发展轴。在这样的空间分布格局下,分层级规划和建设公园绿地系统,形成以中心城区为核心,以沿淮生态文化带和沿运河生态文化带为骨架,以东西南三个新城区为支撑,以四条发展轴为纽带的公园绿地网络。实现公园绿地在空间上的均衡分布和有效连接,增强城市的生态功能和景观效果。

5.6.2 城市绿地景观风貌营建

徐州市域范围内各类景观已经形成一个整体,除了满足城市特色景观要求之外,生态性也得到了一定的重视和提升。对于历史文化以及区域景观定位的把控,徐州市以"点""线""面"的城市绿地布局进行整体建设,城市的风貌布局已经基本完成——"以点串线""以线带面"的生态网络格局。下面将从"风貌区""风貌带"以及"风貌核"三种不同层级来介绍徐州现阶段的景观风貌。

5.6.2.1 城市风貌区建设

(1)风景名胜区。

①云龙湖风景名胜区:以云龙山水自然景观为特色,以两汉文化、名士文化、宗教文化、军事文化为主要内容,集科普、观光、游览、休闲、生态等综合功能于一体的城市型风景名胜区。它位于徐州市区西南部,距离市中心3千米,是国家AAAAA级旅游景区(2016年)。云龙湖景区的核心景区是云龙湖,原名石狗湖,最迟形成于北宋。云龙湖东靠云龙山,西依韩山、天齐山,南偎泉山、珠山,三面环山,一面临城。云龙湖水域面积7.5平方千米,陆地面积6.3平方千米。湖中有一条玉带般的湖中路,把湖面分成东西两湖。环湖路依山顺堤,宽阔平坦,长13.14千米。临湖而立,可以欣赏到四季不同的风光:春天有桃红柳绿,夏天有荷花吐艳,秋天有枫林尽染,冬天有梅花傲雪。

云龙湖景区内不仅有美丽的自然风光,还有众多的文物古迹和人文景观。云龙山是徐州最著名的名胜之冠,分布着北魏大石佛、唐宋摩崖石刻、宋代苏东坡遗迹、张山人放鹤亭、明代兴化寺、清代大士岩、云龙书院、泰山碧霞祠、汉王拔剑泉等历史文化遗产。云龙湖上还有小南湖景区、徐州水上世界等现代旅游项目。小南湖景区是以彭祖文化为主题的人工生态园林,集彭祖园、彭祖广场、彭祖雕塑群等彭祖文化元素于一体。徐州水上世界是集水上运动、娱乐休闲于一体的大型水上乐园,有多种刺激好玩的水上项目。

徐州云龙湖景区与云龙山相得益彰,共同构成了徐州旅游的名片。它们展示了徐州深厚的历史文化底蕴和优美的自然生态环境,吸引了众多中外游客来此观光旅游。徐州云龙湖景区与云龙山是徐州城市发展和旅游业发展的重要支撑和动力,也是徐州人民生活和精神的重要组成部分。

②马陵山风景名胜区:位于新沂南郊10公里,由峰山、斗山、虎山、奶奶山和黄花菜岭五座山头组成,称为"五姊妹山"。强化对现有森林植被的抚育改造,提高森林生态系统的景观效果和风景名胜区的知名度。

③骆马湖历史景观片区:骆马湖历史景观片区包括邳州市、新沂市以及睢宁县,京杭大运河以及故黄河在此交汇,片区内的历史景观资源与两条河流密切相关。其中重点保护资源包括窑湾古镇、古邳镇等。

④微山湖—丰沛汉文化片区:该文化片区包括丰县、沛县以及微山湖生态旅游风景区,处于故黄河与京杭大运河、微山湖的围合之中,文物古迹众多,突出保护两汉文化特色。

(2)历史文化区。

徐州市是国家于1986年公布的第二批国家历史文化名城之一,市内分布着众多的文物古迹,为了系统、有效地保护好这类重要的绿地,通过城市绿地系统风貌规划对其做出独立说明并结合绿地规划,形成一些绿地与古迹相结合的保护形式,构成显示城市历史的一些重要"绿文化"场所。

徐州有着悠久的历史文化,这里有多种历史文化相互交融,如楚汉文化、彭祖文化、东坡文化、明清文化、近现代文化等。汉墓、汉画像石、汉兵马俑被称誉为徐州楚汉文化"三绝"。徐州为古今兵家必争之地,作为楚汉相争、淮海战役的主战场,徐州有着丰富的军事文化遗迹,包括九里山古战场、戏马台、淮海战役遗址等。

①彭祖文化特色空间建设。

徐州,又称彭城,因彭祖在此建都而得名。

彭祖楼《水经注》记载:"彭城东北角起层楼于其上,号日彭祖楼。其楼之侧襟带泗,东北为二水之会也。耸望川原斯为佳处矣。"由此可见,早在北魏以前,彭祖楼就是徐州古迹之一,现在的徐州市淮海食品城主楼亦取名彭祖楼,蔚为壮观。

彭祖祠原位于统一街北头,徐州北门的瓮城内。现在彭祖祠为三开间民居门楼式样,门楼上有砖刻"彭祖祠"三个大字。彭祖祠是徐州市厨师的聚会之所。每年的聚会之日,名厨云集,盛况非凡,反映了中华饮食业的源远流长。

彭祖井与彭祖祠紧密相连,相传是彭祖亲手所挖。《古今图书集成》记载:明代彭祖井一度干枯,隆庆年间曾复浚及泉,后又因年久失修而淤塞。刻有"彭祖井"标志的石碑,被迁移到乾隆行宫(现徐州博物馆)内保存。

彭祖园位于徐州城南,云龙山东,距市中心仅3千米,交通便利,面积34.25公顷。公园始建于1970年,原名南郊公园,相传这一带原为古时彭祖养生、祈祷之地,蕴含着许多关于彭祖的传说,因而1985年扩建时还其历史真貌,易名为彭园,以象征徐州的悠久文化,弘扬古老的彭祖文化。目前是一个集动物、植物珍品观赏和自然景观于一体的综合性游览胜地。彭祖园西傍蜿蜒的云龙山,南临泰山,东有巍然耸立的淮海战役烈士纪念塔,北有来自云龙山的溢洪道和云龙湖相通,可谓山环水抱,周边风景名胜、人文资源丰富(图5-13)。公园内有彭祖雕像、彭祖祠、大彭阁等相关景点,还有云龙山、烈士陵园、泉山风景区环绕。

图5-13 彭祖园
(来源:作者自摄)

②楚汉文化特色空间建设。

徐州是汉刘邦的故里,春秋时期即兵家必争的军事重镇。刘邦打败项羽一统天下之后,将徐州分封给他的弟弟刘交,称其楚王,俟后延续封了十八代楚王或彭城王;汉王朝政局安稳,国力雄厚,作为军事重镇的徐州也是风调雨顺,徐州较少有大的军事战乱,经济文化繁荣臻于鼎盛,从而给徐州遗存了宝贵的文物(图5-14),它们在全国文物宝库中也占有重要地位。徐州楚汉文化遗存主要表现为汉画像石、汉兵马俑、汉墓。

③东坡文化特色空间建设。

图 5-14 戏马台
(来源:作者自摄)

苏轼是宋代著名的文学家、政治家、思想家,也是唐宋八大家之一。他在徐州任知州时,不仅治理了洪水,还建设了黄楼,创作了许多名篇佳作,赢得了徐州人民的敬爱和赞誉。

苏轼在徐州的最大功绩,就是抗击洪水。1077年7月,黄河决口于澶州(今河南濮阳一带),洪水泛滥成灾,汇入梁山泊,威胁徐州城。苏轼刚到徐州上任两个多月,就面临着这场严峻的考验。他不避艰险,亲自组织指挥抗洪工作,驱使富民复入城中,身先士卒,率领官兵民众修筑长堤,堵住水势。他还在城上搭建庐舍,过家不入,日夜巡视防守,协调各方资源,解决民生问题。经过苏轼和众人的努力,终于保住了徐州城,使得城内无一人死于水灾。他的这一壮举,被载入《宋史》,并受到了朝廷的褒奖和徐州人民的感激。

苏轼在徐州的另一个成就,就是建造了黄楼。黄楼是苏轼为了纪念他在徐州抗洪的功绩而建的一座高楼。它位于徐州东门城墙上,有两层,高约十米。楼上是苏轼的书房和客厅,楼下是苏轼的卧室和厨房。黄楼的名字有两个说法：一是因为楼上有一幅黄色的画像，是苏轼画的自己和他的妻子王弗；二是因为楼上有一块黄色的匾额，上面写着"黄楼"两个字。黄楼是苏轼在徐州创作诗词的地方，也是他与友人交流思想的地方。他在黄楼写下了《九日黄楼作》《江城子·别徐州》等名篇佳作，并将其结集为《黄楼集》。

苏轼在徐州的交游十分活跃，在游山玩水中留下众多流传千古的诗词歌赋，并形成许多著名的人文景观，如放鹤亭、饮鹤泉、东坡石床、显红岛、快哉亭等，基本上均位于徐州市区周围。

放鹤亭（图 5-15）、饮鹤泉、东坡石床均在云龙山风景区，保存较为完整。东坡石床位于云龙书院内，与碑廊结合在一起，云龙书院尚没有达到观赏条件。放鹤亭、饮鹤泉均在云龙山顶，景色优美。

图 5-15　云龙山放鹤亭
（来源：作者自摄）

苏堤如今东起云龙山，西到段庄，为一条宽阔的柏油马路。清乾隆二十一年（1756 年）徐州知府邵大业重修苏堤，并作《重修苏堤记》。现在的苏堤绿柳成行，势如长虹，成为云龙湖的第二道屏障。前人咏徐州苏堤"堤边尽是垂杨柳，不比杭州少一湖"。

黄楼和显红岛均与故黄河联系在一起，一个位于故黄河岸边，已经开发形成供市民休闲、娱乐的河边公园；另一个位于故黄河河道中，成为一处景观优美的小岛。可以结合故黄河沿岸的整治，形成市民休闲、游憩的场所。

④明清文化特色空间建设。

徐州明清文化的空间特色主要体现在明清建筑层面，而徐州的明清建筑主要集中在地势较高的户部山。在山上存有的大量文物古迹中，尤其以明清古民居建筑著称，包括清状元李蟠故居、清翰林崔焘故居、余家大院、郑家大院、翟家大院等。

⑤军事文化特色空间建设。

目前,徐州市影响较大的军事文化遗迹主要有九里山古战场、戏马台、淮海战役遗址等。遗迹现状如下:

九里山古战场位于徐州市区北郊,东西连绵、群峰罗列的九里山,确如一道天然的屏障护卫着徐州城。山体为石灰岩质,浮土较少。目前,山体的植被以侧柏为主。

淮海战役烈士纪念塔坐落于徐州风景秀丽的南郊,紧邻云龙山风景区,整座陵园占地970余亩,园内古木参天,建筑宏伟、肃穆,不仅是爱国主义教育的重要场所,也是徐州市一处主要的游览胜地。淮海战役烈士纪念塔是一座具有我国传统碑式的花岗石建筑,正面朝东,上面有毛泽东题写的"淮海战役烈士纪念塔"九个鎏金大字,塔上端雕刻有塔徽——五角星和两支相交叉的步枪,象征着二野和三野两支参战部队的亲密团结;松枝绸带低低下垂,象征着人民群众对烈士的深切悼念和哀思。塔背后的碑文共760字,记述了这次战役的光辉历程和战绩,塔座四周贴有著名雕刻家刘开渠创作的大型浮雕,生动地刻画出人民解放军作战的英勇气概和广大民工支前的无畏精神。每当清明节的时候,苏鲁豫皖各地群众纷至沓来,游人如织。1982年11月,淮海战役烈士纪念塔被列为江苏省重点文物保护单位(图5-16)。

图5-16 淮海战役烈士
纪念塔
(来源:作者自摄)

5.6.2.2 城市风貌带建设

(1)滨河绿廊。

徐州河道纵横交错,水网密集,在城市绿地的建设过程中,滨河绿廊的建设也是重要一环。

"三河"滨河绿廊指沿丁万河、徐运新河、荆马河滨河景观带。在丁万河两侧沿线分别设置 10 米宽绿化带,形成生态自然的茂密景观,建有公园、休闲小广场等,成为市区又一条景观河。徐运新河带状公园建设沿徐运新河(中山桥至沈孟桥段)两岸绿化,总面积约 12.5 公顷,主要进行管线下地、驳岸改造,并建设贯通南北的城市慢行系统和进行两岸绿化提档升级。荆马河带状公园项目沿荆马河(中山北路至复兴北路)两岸进行绿化提升,绿化面积约 10 公顷。在徐州带状滨河绿地体系中,"三八河"位置举足轻重,其基址位于三八河南岸、兴云路至汉源大道,总占地面积约 4.5 万平方米,是新建沿河带状公园,建设配套服务设施。工程充分依托河道现状,利用现有造景元素,因地制宜,营造具有特色的自然生态景观河道。在植物造景的同时,在绿地内设置树下广场、长廊、亲水平台等功能性设施,给附近居民提供活动、娱乐休闲的场所。

(2) 道路景观。

道路景观带以及景观林荫道也是城市风貌带建设中的关键环节,道路景观与人们日常生活息息相关,徐州在建设道路景观带以及景观林荫道的时候也给予了足够的重视。

首先,新建和扩建道路设计中的道路设计了空间充足的绿化分隔带,通过高质量的施工提升道路景观效果。已建成道路也在原来的基础上不断更新,完成街道树木和花灌木的重植,优化植物景观配置,加强绿地建设和系统景观改造,使城市景观带道路绿化率达到较高水平。

其次,道路绿地除突出绿化、美化作用外,徐州在城市道路景观建设过程中还加强了其生态及防护作用,构成了新的绿色生态网络体系。

根据徐州城区道路现状条件以及结合城市街景风貌的需要,建设徐州市道路景观带,保证园林路绿地率不低于 40%。表 5-5 是徐州已建成的道路景观带情况。

表 5-5　徐州已建成的道路景观带

道路名称	红线宽度/米	绿化模式	景观防护绿带控制总宽度/米	控制最低绿地率/%
三环西路	60	园林景观路	27	40
二环北路延长段	60	园林景观路	20	40
蟠桃山路	60	园林景观路	20	40
三环北路	80	园林景观路	50	40

（续表）

道路名称	红线宽度/米	绿化模式	景观防护绿带控制总宽度/米	控制最低绿地率/%
三环东路	60	园林景观路	30	40
迎宾大道	7	园林景观路	30	40
黄河西路	34	园林景观路	31	40
昆仑大道	60	园林景观路	20	40
汉源大道	76	园林景观路	80	40
黄河南路	33	园林景观路	4	40
塔东路	55	园林景观路	10	40
北京路	40	园林景观路	8	40
泉新路	60	园林景观路	20	40
和平路(三环东路以东)	40	园林景观路	9	40
和平东路	50	园林景观道	20	40
襄王北路	50	园林景观路	20	40
襄王南路	50	园林景观路	20	40
平山北路	40	园林景观路	19	40
平山南路	40	园林景观路	19	40

（来源：作者自绘）

5.6.2.3 城市风貌核建设

城市风貌核是指城市中具有代表性、辨识性和吸引力的空间区域，是城市特色风貌的集中体现和载体。城市风貌核的建设旨在突出城市的历史文化、自然环境、经济功能和社会生活等多方面的特征，塑造城市的独特形象和品牌，提升城市的竞争力和魅力。按照自然特征、人文特征可以把城市风貌核划分三类：绿化景观、历史人文、特殊地貌景观。风貌核数量和质量的提升，形成了结构合理、功能完善的风貌核体系[42]。

（1）绿化景观风貌核。

绿化景观风貌核是对徐州市内公园绿地所形成的"绿核"的概括，内容涵盖了徐州市内已经建设的公园、待建的公园和建议新增的公园，景观风貌控制主要从风貌核类型、塑造方式、风貌塑造要素、界面控制、空间感受五个方面来进行[42]（表5-6）。

表 5-6　绿化景观风貌控制要素

名称	风貌核类型	塑造方式	风貌塑造要素	界面控制	空间感受
云龙公园	休闲公园	原貌提升	休闲类设施	开敞界面	悠然自得、轻松愉快
彭祖园	文化公园	原貌提升	景观的文化性	自然和人工界面围合	人文气息、艺术熏陶
楚园	休闲、文化公园	原貌提升	人文历史特征的休闲类设施	开敞界面	亲切宜人、内容丰富

（来源：作者自绘）

（2）历史人文风貌核。

历史人文风貌核是一个城市规划的概念，指的是一个城市中具有历史文化价值和代表性的区域，是城市的核心和灵魂，也是城市的记忆和特色。历史人文风貌核通常包括历史建筑、历史街区、历史景观和历史文化四个方面。徐州的汉文化景区位于老城区东南角，是中国最大的汉代遗址公园，占地约 1 200 亩。景区内有汉墓博物馆、汉画像石博物馆、汉代王陵群等建筑物，以及汉代街道、汉代广场等设施。景区内还展示了汉代水车、汉代战车等，重现了汉代的风貌和风情。

在城市景观风貌规划中，面对珍贵的历史文化遗产，更要谨慎对待，以此为依托，改善环境，提升文化知名度。

（3）特殊地貌景观风貌核。

特殊地貌景观风貌核包括矿山废弃地生态公园、采煤塌陷地生态公园。

徐州作为国家重要的煤炭基地，每年的煤碳产量非常丰富，但由于煤矿资源的不可再生性，资源逐渐枯竭而造成了煤矿地不同程度的塌陷。这些塌陷地对于城市面貌和环境质量影响巨大，人们在惋惜煤炭的枯竭以及土地的不可再生性的同时，对徐州的产业发展的景观规划有了新的方向和格局。为了改变这一状况，政府决定通过生态恢复和重建促使废弃地的生态和经济价值再生，这对区域生态系统的健康、地方经济可持续发展以及提供百姓愉悦身心的活动场所和资源使用环境具有现实意义。同时也对煤矿塌陷区进行生态性的棕地修复，让资源枯竭的矿山塌陷地也拥有独一无二的生态景观，通过种植绿色植物，让景观空间更加丰富多彩，凝练城市特色风貌。

徐州的贾汪区是一个传统的煤炭工业基地，也是徐州市最大的采煤塌陷区。由于长期的高强度、大规模的煤炭开采，贾汪区面临着资源枯竭、环境恶化、产业衰退等严峻挑战。为了偿还历史旧债，促进生态修复，

徐州对贾汪区进行了一系列的生态环境改造工作,主要涉及以下几个方面:

①采煤塌陷区综合治理。

徐州对贾汪区内的 13.23 万亩采煤塌陷地进行了集"基本农田整理、采煤塌陷地复垦、生态环境修复、湿地景观开发、村庄异地搬迁"五位一体的创新治理模式。其中最具代表性的项目是潘安湖湿地公园。徐州潘安湖是一个由采煤塌陷区改造的湿地公园,位于徐州市贾汪区西南部,距离徐州市区约 20 千米。潘安湖因晋朝美男潘安畅游徐州山水时留恋此处而得名,是徐州的一处历史文化名胜。潘安湖的改造工作始于 2010 年,通过生态修复、景观建设、乡村振兴等,将潘安湖建设成国家湿地公园,AAAA 级景区,集湖泊、湿地、乡村农家乐于一体的休闲公园(图 5-17)。

②老旧小区改造提升。

徐州对贾汪区内的老旧小区进行了全面改造,解决了建筑物破损、基础设施不完善、环境脏乱差等问题,提高了居民生活质量和满意度。改造内容包括小区内部及其与周边连接的道路、雨污水设施、自来水设施等基础设施改造,建筑物外立面更新、屋面防水维修及沿街立面改造等,并增加小区公共停车场停车位,充电桩、社区服务、物业管理等公共服务设施用房等。

图 5-17　潘安湖湿地公园
(来源:作者自摄)

5.6.3　城市绿地景观风貌控制引导

5.6.3.1　景观风貌符号规划控制

景观风貌符号是指在景观设计中,用来表达一定的意义、情感或文化的图形、形象或物象,它们可以是直观的、象征的或指示的,也可以是综合的。景观风貌符号主要有以下构成要素(表5-7):

表5-7　景观城市风貌符号构成要素

风貌符号	建筑	历史建筑	时间、风格、样式
		现代建筑 居住建筑	屋顶:坡屋顶、斜顶、异形屋顶
			屋身:窗户、建筑风格
			底层:商业店面、建筑入口及门厅
		商业建筑	服务空间、广告牌
		公共建筑	服务功能、建筑样式
		工业建筑	产业模式、企业文化
	街道家具	常用设施	树池、电话亭、路灯、花坛、红绿灯
		其他设施	景观小平、指向牌、广告栏、雕塑、宣传栏
	绿化	乡土树种 市树市花 其他植被	常绿树与落叶树、树(花)形、树(花)语

(来源:作者自绘)

景观风貌符号主要有以下属性:

形式属性:指景观风貌符号的外在形态、结构、色彩等物质特征,它们决定了符号的视觉效果和美感。例如,设计符号可以利用抽象或具象、几何或自然、动态或静态等不同的形式手法来创造不同的视觉印象。

意义属性:指景观风貌符号所蕴含的内在含义、价值或理念,它们决定了符号的文化内涵和精神寓意。例如,设计符号可以利用传统或现代、民俗或宗教、历史或现实等不同的文化元素来表达不同的思想情感。

功能属性:指景观风貌符号所具有的实用功能、社会功能或审美功能,它们决定了符号的使用效果和社会影响。例如,设计符号可以利用导向或标识、装饰或点缀、隐喻或暗示等不同的功能手段来满足不同的使用需求。

关系属性：指景观风貌符号与其他景观要素之间的相互作用、协调或对比，它们决定了符号的空间效果和整体效果。例如，设计符号可以利用重复或变化、对称或不对称、统一或多样等不同手法来构建不同的空间秩序。不同的风貌符号也可以有相似的特性和归属，因此，我们根据风貌符号自身的特性，将风貌符号体系大致分为——建筑风貌符号、街道家具风貌符号、绿化风貌符号[42]。

（1）建筑风貌符号。

建筑风貌符号分为两类，一类是历史建筑符号，另一类是现代建筑符号。历史建筑符号是最能体现地域文化的一类符号，建筑的年代以及风格类型可以很好地体现不同地域的风貌特色。徐州的古建筑主要为汉代建筑风格——雄浑磅礴、构筑精简、沉稳庄重。汉代的建筑除了体现帝王的尊崇之外，还有包含天人合一、崇尚山水的儒家思想。建筑大都是高地起台，立柱而起屋宇，材料上青石砖搭配木材，雕刻上各类符号，比如文字、人画、物画等。对这些特征进行提炼进而演变成的符号可以应用于一些仿古街区的营建上，新时代潮流建筑骨架辅以传统建筑符号，这种仿古建筑所组成的仿古街区也是对历史文化的新形式、新方法的传承和发扬。与历史建筑符号相对应的就是现代建筑符号，现代建筑符号顾名思义就是与现在时代社会审美相匹配的一类建筑符号，这类建筑符号符合当代大众的功能需求以及审美意识，与现代社会的发展息息相关，而这种建筑符号也是随着社会的发展而不断更新，符合当代人的需求。现代建筑的几何感比较强，风格简单大方，材料上多以特色钢构架和玻璃以及混凝土组成，我们日常所见的大部分建筑均为现代建筑。

现代建筑从建筑功能角度出发，可分为居住建筑、商业建筑、公共建筑、工业建筑四类。其中，居住建筑的风貌符号主要体现于屋顶形式、色彩装饰（图5-18）；商业建筑的风貌符号则体现于其建筑规模与风格，广告标识也同样重要；公共建筑的风貌符号主要体现于其建筑性质所决定的功能需求以及所代表的文化象征；工业建筑的风貌符号体现于不同工业设备与不同工业风险措施。在建筑风貌符号的控制上，需要依据城市所在地区的客观条件与建筑特色进行规范引导，从而形成整个片区的特色建筑风貌。

图 5-18　民居建筑
（来源：作者自摄）

（2）街道家具风貌符号。

街道家具风貌符号是指用图形或文字来表示街道家具的外观风格、功能特征、文化内涵等的一种表达方式。街道家具风貌符号可以帮助我们识别和理解不同类型的街道家具，也可以反映出街道家具所处的城市环境和文化背景。有些城市有悠久的历史和文化传承，可以选择一些具有历史意义或风格的街道家具风貌符号，如古典式的路灯、雕塑等，以展现城市的历史魅力。有些城市有先进的科技和创新能力，可以选择一些具有现代感或科技感的街道家具风貌符号，如智能化的公交站牌、广告牌等，以展现城市的现代气息。有些城市有独特的民族或地域特色，可以选择一些具有民族或地域风情的街道家具风貌符号，如有民族特色的花盆、标识等，以展现城市的民族文化。城市街道家具种类繁多，用途各异，主要分为以下几大类（表 5-8）：

表 5-8　城市街道家具分类表

分类	功能	举例
交通与导向类	满足交通需要的城市家具	红绿灯及其他各类灯、导向标、停车场、分车栏
服务与休憩类	满足公众集散和休息的公共设施	树池、廊架、景观座椅、垃圾箱、报刊亭、LED 屏、健身设施、水池
雕塑小品类	美化城市景观，点缀城市的市容街区	工艺小品、花坛、跌水喷泉、地标性雕塑等

（来源：作者自绘）

确定一座城市的文化定位后，可以将其文化符号转化为实质性的景观元素，进而设计出与之相对应的街道家具。对于徐州而言，其最具代表的文化——汉文化，应当在街道家具风貌符号上有所体现，不再作为孤立单体，而是与周围环境有机结合形成统一整体，以点成线，以线带面，呼应整座城市景观风貌，体现徐州独有特色。

（3）绿化风貌符号。

绿化风貌符号是一种用于表达城市绿化空间特征和风格的图形符号，是城市规划和景观设计中的一种常用工具。对于徐州而言，市树银杏与市花紫薇的应用应当是城市绿化风貌规划的重点。如紫薇画展、银杏行道树等（图 5-19、图 5-20）。

图 5-19　市花紫薇
（来源：作者自摄）

图 5-20　市树银杏
（来源：作者自摄）

徐州的植物景观特色主要有以下三点：

①滨湖植物景观。

云龙湖为徐州的标志性景观，吸引着许多文人墨客留下众多民间文学作品，让徐州增添了几分诗情画意。由于云龙湖的湖面辽阔，视野宽广，公园以宁静氛围为主，植物景观十分精致，林冠线和林缘线变化起伏，重点处运用造型奇特优美的植物点景，以块石及观花类乔灌木相搭配，从而形成视线焦点，创造丰富的植物景观。乡土树种被广泛使用，注重对其的色彩搭配，用多样的花卉及草本植物营造自然氛围，丰富季相景观（图 5-21）。

②城市植物景观。

徐州的城市植物景观以乡土植物为主，如银杏、紫薇、槐树、杨树、桂花、菊花等，这些植物不仅适应徐州的气候环境，还寄托了徐州人的情感和文化。同时，徐州也引进了一些外来植物，如棕榈、竹子、月季等，增加了城市植物景观的多样性和美感。

图 5-21 云龙湖静态水体的滨湖植物景观
（来源：作者自摄）

徐州城市植物景观主要为"乔-灌-草"配置模式：

（a）常绿乔木：如柏树、松树、桂花等，这些树木四季常青，可以增加城市植物景观的持续性和稳定性。

（b）落叶乔木：如银杏、紫薇、槐树等，这些树木能够随着季节变化而变化，增加城市植物景观的变化性和趣味性。

（c）草本：如菊花、银莲花、荷花等，这些植物能够代表徐州的历史文化和民俗风情，增加城市植物景观的文化性和寓意性。

（d）藤本：如金银花、紫藤等，这些藤本植物能够攀附在建筑物或其他植物上，增加城市植物景观的立体感和空间感。

在多层复合植物景观当中，种类越多则丰富度越高、多样性越强，生态性也较好，得以有效增加单位面积的绿化三维量，提高观赏价值与生态价值。

③文化植物景观。

徐州是一座历史文化名城，也是两汉文化的发源地。徐州有许多两汉文化浓郁的植物景观。

（a）徐州汉文化景区：这里是集历史博览、园林景观、旅游休闲于一体的汉文化保护基地和精品旅游景区。景区内的植物景观以本土植物为主，如银杏、紫薇、槐树、杨树、桂花、菊花等，与两汉文化遗迹相映成趣，营造出一种古朴典雅的氛围。

（b）彭祖园：这里是为纪念徐州的始祖彭祖而建的公园，也是徐州新八景之一。公园内的植物景观以观花小乔木为主，如樱花、梨花、垂丝海棠等，春季时节，花开如锦，吸引了众多游客前来赏花和拍照。

（c）楚王陵：这里是西汉第三代楚王刘戊的陵墓，是中国 20 世纪 100

项考古大发现之一。陵墓位于狮子山上,凿山为葬,结构奇特,工程浩大。陵墓周围有许多陪葬兵马俑坑和陵园建筑遗址,展现了两汉时期的雄风和风貌。陵墓周围的植物景观以常绿乔木为主,如柏树、松树、桂花等,形成了一片青翠的背景,与庄严的陵墓相得益彰。

5.6.3.2 要素系统控制引导

城市景观风貌研究一般可以分为城市物质空间和城市社会空间两个层次。

城市物质空间,是指城市内部的建筑物、道路、绿地、水域等具有形态和尺度的空间要素,以及由这些要素构成的城市风貌、形象、景观等。城市物质空间的研究,主要关注城市空间的形态特征、结构组织、功能分布、风格表达等方面,以及这些方面与城市历史、文化、自然等因素的关系。因此,可以认为城市物质空间是一种显性的城市形态。

城市社会空间,是指城市内部的人口、社会组织、文化活动等具有社会属性的空间要素,以及由这些要素构成的城市社会结构、社会关系、社会意义等。城市社会空间的研究,主要关注城市空间的社会功能、社会分异、社会影响等方面,以及这些方面与城市经济、政治、制度等因素的关系[43]。因此,可以认为城市社会空间是一种隐性的城市形态。

基于此,城市景观风貌以多种形态展现,其研究也因此具有物质与精神双重含义(表 5-9):

表 5-9 城市景观风貌构成要素

分类	层面	构成要素
物态要素	区域	山水格局、城田分布
	城市	城市肌理、路网结构、水系结构、公共开敞空间布局、绿地布局、公建布局、功能分区、密度分区、高度分区
	地区	主控制天际线、主要内部界面、主要外部界面、主要制高点
	街区	特色广场、特色街道、特色建构筑物、屋顶形式
文态要素	社会生活	社会公共活动、街道生活、风俗与节庆
	人文精神	历史文化、城市定位、城市精神、民族与信仰
	经济产业	经济排名、产业构成、名牌产业

(来源:作者自绘)

城市景观是城市叙事发生的依靠与背景性框架,对其构成要素的调查与整理有助于城市景观风貌规划研究,便于发现城市景观的结构与特征,奠定最终的景观风貌结构。

（1）宏观层面——徐州市山水格局。

笔者基于实地调研与对规划资料的参考分析，将徐州分为"群山环抱，一脉入城；两河相拥，一湖映城"的宏观风貌格局。徐州是一个迷人的生态园林城市，有9条河流经过，形成七湖交相辉映，"一城青山半湖"的生态美景。围绕徐州主城区，分布着72座大小山岗，其中云龙山分布着众多文物，如北魏大石佛、唐宋崖石、宋代苏东坡遗迹、张山人放鹤亭、明代兴化寺、清代大士岩、云龙书院、泰山碧霞祠、汉王拔剑泉等名胜古迹，闻名遐迩。

（2）中观层面——徐州建成区景观风貌分析。

徐州建成区绿地系统有效利用周边山川地形，把建成区边缘用地当作外围绿环，并以组团隔离绿地的形式构成楔形绿地以达到内外沟通的廊道之用。故黄河及其周边河流水系串联形成生态网络，从而形成以山体为骨架，以河流道路为网络，以单位附属绿地为基础，以公园广场为点缀，点、线、面、环相结合的城乡一体化的绿地系统。

徐州城市建成区景观风貌系统包括以风景名胜区、历史文化区为主的景观风貌区，以滨河绿廊、景观风貌带为主的景观风貌轴，以及以楚汉文化景区和矿山废弃地公园为主的景观风貌核。

（3）微观层面——徐州景观风貌符号。

城市风貌符号是指城市的一些具有代表性、象征性和辨识性的城市建筑、空间和景观，它们反映了城市的历史文化、地域特色和城市形象，是一种小尺度空间结构。就徐州而言，苏公塔、彭城广场等著名景点是城市历史人文的象征载体，具有一定代表意义。

在规划中，微观的景观风貌要素不可或缺，其不仅是小尺度的空间结构构成部分，也是某些大尺度城市空间的重要组成部分。因此，在未来的徐州城市景观风貌规划研究中，应当以现有风貌符号为基础，梳理出更具城市特色、符合时代发展的新风貌符号。

6 总结与展望

6.1 城市设计方法在城市景观风貌规划策略中的应用

6.1.1 生态优先、绿色发展

生态优先、绿色发展是新时代城市建设的基本原则,也是城市绿地景观风貌规划的核心理念。城市绿地景观风貌规划应该以保护和恢复自然生态系统为出发点和落脚点,遵循自然规律和生态规律,优化城市空间结构,构建多层次、多功能、多样化的绿地网络,增强城市的生态安全和环境质量。例如,福建省以"绣花功夫"建设更加幸福美好的城市,推动城市绿化由绿地面积增长向绿化品质提升转变,通过建设"万里福道""口袋公园""立体绿化"等措施,实现了绿化空间的系统化、均等化、品质化、精致化。

6.1.2 突出特色优势、彰显文化内涵

特色优势与文化内涵是城市绿地景观风貌的重要内容和价值所在,也是凸显城市绿地景观风貌规划的重要目标和手段。城市绿地景观风貌规划应该充分挖掘和利用城市的自然资源、历史文化、民俗风情等特色要素,塑造和展现城市的个性和气质,提升城市的形象和魅力。例如,北京市以西山永定河文化带为重点,推进自然山水、古道村落、工业遗址、红色印记、文化创意等特色资源融合发展,打造"秀水石景山",展现了首都西大门的自然之美和人文底蕴。

6.1.3 融合多元功能、满足多样需求

多元功能、多样需求是城市绿地景观风貌的重要组成部分,也是城市绿地景观风貌规划的重要依据和导向。城市绿地景观风貌规划应该平衡和协调城市绿地的生态功能、社会功能和经济功能,满足人们对十休闲娱

乐、健康养生、文化教育等多方面的需求和向往,提高人们的幸福感和获得感。例如,漳州市凭借"花果之乡"的资源优势,以"绿"为题,以"花"为媒,促进产旅融合,推进中心城区万亩荔枝海、万亩香蕉林、水仙花海和四季花海"四海"建设,在城市绿化中作活了"花样文章"。

6.1.4 创新设计理念、提升美学品位

设计理念、美学品位是城市绿地景观风貌的重要表现形式和评价标准,也是突出城市绿地景观风貌规划的重要手段和方法。城市绿地景观风貌规划应该运用先进的技术、方法和原则,注重建筑空间尺度、比例、风格、色彩等方面的控制要求,运用艺术手法和技巧进行设计表达,营造优美舒适的视觉效果和情感体验。

综上,城市绿地景观风貌规划是一种综合性的规划方法,它涉及城市的生态环境、历史文化、社会需求、美学表达等多个方面,需要规划师具备丰富的知识、技能和创造力,以及对城市的深刻理解和热爱。城市绿地景观风貌规划的策略,既要遵循一些基本的原则和目标,又要因地制宜、灵活变通,以达到提升城市绿地景观风貌的目的。城市绿地景观风貌规划的策略,不仅有利于改善城市的生态环境、彰显城市的特色文化、满足人们的多样需求、创造城市的美感效果,还有利于提高城市的品质水平、竞争力水平和幸福感水平,为人们创造一个更加美好的城市生活空间。

6.2 徐州市城市绿地景观风貌现状

徐州山水相依,文史相连,人与自然和谐共生,相得益彰,整体风格雄厚清丽。景观特色可总结为"山水大气恢宏,绿化精致婉约;兼容南秀北雄,彰显楚韵汉风"。

6.2.1 徐州园林绿地景观总体特色

徐州地区自古经济文化发达,私家园林历史悠久,但由于徐州是"兵家必争之地",且受到黄河数次毁灭性破坏,到 1948 年徐州解放时,仅存一座园林。进入 21 世纪以来,徐州园林在快速发展的同时,逐步形成了鲜明的地方特色,在公园文化和艺术表现上,将"不南不北"的地缘和人文因素演绎成"南秀北雄,楚风汉韵"的园林艺术风格;在公园景观要素中,建筑密度大幅度降低,以植物为主的景观取代了以传统园林建筑为主的景观;景观表达更多采用直白且理性的手法,和缓起伏的地

形及草坪、地被的组合,广场空间的布置,大幅度增加了环境容量;依托自然山水条件,积极挖掘城市棕地潜力,综合运用新技术、新材料、新艺术手段,创造出"整体大气恢宏,细部婉约雅致",自然绚丽、雅俗共赏的新型园林绿地。

6.2.1.1 楚风汉韵并蓄

徐州既是汉高祖刘邦的故乡,也是项羽故都。灿烂的楚汉文化发祥于此,经过两千多年不断地丰富和发展,重情重义,粗犷豪迈,淳朴大方,大气恢宏的楚风汉韵和博大精深的文化渊源,在徐州众多的园林风景中都得以体现,哺育和造就了古老徐州的地域文化,呈现出鲜明独特的地域特色,成为徐州不同于江南及齐鲁文化的标志。其中包括粗狂恢宏的大汉气象——汉文化景区;雄浑恣意的楚汉雄风——龟山汉墓景区等重要景观节点。

6.2.1.2 南秀北雄兼得

徐州是一座内陆城市,但也是一个山水城市,城外有七十二座山岗,北区的九里山莽莽苍苍,连成一片,气势磅礴,又有临波倚翠的九里湖、九龙湖、玉带回转的故黄河风光带,湖光山色,刚柔相济;南区的云龙山、泉山冈峦环合,绿波层涌,山峰不高却十分秀美,云龙湖水质清澈,仿佛一颗明珠镶嵌在市区南部,湖光山色,相映成趣。"山包城、城包山"壮美的山水格局,使徐州披着一袭醉人的锦山秀水,自然景观兼有北方的豁然大气和南方的钟秀灵丽。正因为此,徐州园林呈现出"南秀北雄"的风格,真山真水打造的园林景观,整体磅礴大气,细节精致婉约,山水风韵秀甲淮海。如:三面云山一面湖的云龙湖景区;状若游龙的云龙山风景区;气势雄伟的古战场九里山;故黄河景观带等。

6.2.2 徐州园林绿地植物景观风貌特色

6.2.2.1 融合山水,彰显地域独特魅力

徐州园林的植物造景通常能有效地利用其自然资源,依山水作景,利用园林空间处理手法将景色融为一体。园林水体通常保留自然形式,选用垂柳、旱柳作为滨水植物配置。在大乔木之间种植桃花、海棠等观花小乔木,呈现优美的水景。同时也在湖边大面积种植水杉,林下配植二月兰等,形成自然野趣。

6.2.2.2 回归自然,营造乡土植物群落

徐州位于暖温带南缘至北亚热带过渡地区,城市植物景观配置与树

种选择因地制宜选择乡土植物,营造常绿与落叶为基础"乔-灌-草-藤本"的多层植物群落结构。

6.2.2.3 交融南北,兼具秀丽雄奇美景

徐州植物配置受其城市客观立地条件影响呈现出多种配置方式相结合的空间形式,因此徐州园林植物景观既有北方城市园林之大气豪迈,兼备南方园林温柔婉转的特点,二者相辅而成,造就今日徐州园林特色。

6.2.2.4 凸显季相,构建丰富多变色彩

徐州地处暖温带南缘向北亚热带过渡的地区,四季分明,植物景观的季相较为明显。春季紫荆、贴梗海棠、杜鹃、连翘等红粉相衬;夏季珍珠梅、山楂、玉兰等点点白花;秋季金桂飘香,枫叶、漆树等彩叶艳丽;冬季雪松、冷杉等常绿挺拔。

6.3 徐州市城市绿地景观风貌发展策略

6.3.1 历史文化特色挖掘

6.3.1.1 历史区域的发展和保护

(1)对规划划定的重点保护文物单位,按文物主管部门确定的保护范围,结合公园绿地、街头绿地、庭院绿地进行保护。

(2)原绿化条件较好的历史保护区和保护点,要对绿化做进一步的充实提高,增加树种、丰富层次,提升绿化效果。对原绿化条件较差的、位于建筑密集区的"点",应"见缝插绿",通过小区建设和旧城改造增加其四周绿化用地。

(3)根据各历史文化保护区具体内容,因地制宜制定绿化保护措施。自然景观保护区,注重生态绿化建设,形成良好的生态系统环境;人文景观为主的保护区,根据各保护点自身特点进行绿化,彰显其个性,同时进行大背景绿化建设,保障保护区的整体协调。对重点划定的两片历史保护街区、传统历史城区地下文物埋藏保护区以及文物组群,根据划定的保护圈或保护带,结合旅游线路、河网水系,配置相应的绿化隔离防护环、防护带。

(4)加强旅游规划线路沿线绿化建设,并与历史文化保护区、保护点的公园绿地、林带、街头绿地、庭院绿地相互连接,形成完整的绿化保护系统。

6.3.1.2　河湖水系的延续和保护

（1）二水穿城。

"二水"指的是京杭大运河和故黄河。

①京杭大运河：在京杭大运河徐州段新发现古遗址、古墓葬、古建筑等遗迹26处。京杭大运河徐州段包括国家级大运河遗产5项，省级大运河遗产5项，市级大运河遗产45项。徐州段国家级（省级）大运河遗产分为水工遗存、相关遗存和相关历史文化街区三类，市级大运河遗产分为水道与水利工程遗产、水利工程相关物质文化遗产、聚落遗产、其他大运河物质文化遗产、生态与景观环境区和相关非物质文化遗产六类。京杭大运河徐州段的保护区划按照国家级（省级）和市级两个层次进行，其中国家级（省级）大运河遗产划分保护范围和建设控制地带，市级大运河遗产划分重点保护区、一般保护区、生态环境区和景观环境区进行保护。京杭大运河徐州段的保护措施包括严格按照相关法律法规的要求，对大运河遗产、水质及周边环境景观风貌进行分类保护和管理；使大运河国家文化公园中管控保护区的划定与大运河遗产保护范围一致；涉及大运河相关非物质文化遗产保护按照"非物质文化遗产保护"的要求进行。《徐州历史文化名城保护规划（2020—2035）》将大运河徐州段作为重要的保护内容之一，将其划分为黄河故道文化带和大运河徐州段文化带两个子区域，实施区域整体保护，按照"一城、五点、两带、三区"的市域总体风貌格局进行保护。

②故黄河：早在1875年，黄河在徐州留下了一条故道，但是由于黄河故道河床高出地面，堤岸残破，河道淤塞，每到汛期，故黄河的水位便高出地面3～7米，严重威胁着市民的人身和财产安全。徐州人民为此进行过无数次艰苦卓绝的斗争，也因此留下了宋知州苏轼、明总理河道潘季驯治水保城的业绩和佳话，"百步洪、水经石柱、显红岛、黄楼公园与护城石堤河、镇河牛"等遗迹。应将故黄河作为"徐州文化的发生地"发掘其历史文化价值，实施整体保护和系统保护。挖掘黄河文化要抓住重要历史节点和文化事件，注重徐州地方文明的流域性和系统性，丰富故黄河历史文化内涵。

（2）两大湖泊。

"两大湖泊"指的是微山湖和骆马湖。

①微山湖：微山湖的大部分湖面坐落在山东省微山县内，而微山湖东南角即铜山县柳泉镇和利国镇的沿岸湖面与湖中的套里岛、黄山岛、铜山岛、龟山岛和厉家岛属徐州，所以徐州应重点在这一带进行山水旅游文化

的开发建设,对水体进行清污治理,加强水体两岸的绿化和文化小品建设,与山东相关城市互动开展大微山湖区域历史文化旅游。

②骆马湖:骆马湖是全国第七大、全省第四大淡水湖,水域总面积395平方千米,其中110平方千米在徐州新沂,是新沂人民的"母亲湖",也是徐、宿两地人民共同的饮用水水源地。骆马湖有着灌溉、调洪、航运和水产之利,是江苏省认定的苏北水上湿地保护区,是南水北调的重要中转站,也是江淮生态大走廊的生态绿心。徐州应加强骆马湖水源地建设和安全监管,设置警示标志标识和隔离设施,安装监控设施和监测系统,定期开展巡查和水质安全评估,保障骆马湖作为徐州第二地表水集中式饮用水水源地的供水安全。并与周边城市协同编制骆马湖生态环境保护规划,统筹骆马湖一体化保护和修复,实施生态性护岸、退圩还湖、生态廊道建设、水产种质资源保护等工程,提高骆马湖湖泊水体自我修复能力,保护骆马湖物种多样性和生态平衡。

6.3.1.3 山体的保护

重点保护由西南方向楔入的云龙山脉,由东北方向楔入的大洞山脉,以及由东南楔入的吕梁山脉三个主要山体。

根据山体等高线,把山体及周围地区划分为三个部分加以控制:

山体等高线陡峭部分:划为Ⅰ级保护,严格保护,禁止人工建设。

山体等高线较缓部分:划为Ⅱ级保护,限制建设强度。

山体等高线的山脚部分:划为Ⅲ级保护区,根据周边情况,确定适当的距离,进行一定的限制性保护。

6.3.1.4 徐州现代文化的传承和发扬

徐州的山水城格局要体现彭城山水特色,从小范围的"群山环抱,一脉入城;二河相抱,一湖映城",到大区域的"三山楔入,两河穿流;城市密集,地景开阔",整体山水呈现水体西北—东南方向,山体东北—西南方向的网状交织形式。

(1) 建设绿色交通走廊。

徐州绿色交通走廊建设是以"十四五"综合交通运输体系规划为基础,以绿色低碳、节能环保、智能高效为原则,构建以徐州为中心的放射状现代化综合立体交通网络,支撑淮海经济区中心城市和全国性综合交通枢纽城市建设的重大工程。如城市清风走廊建设,规划建设东南和西南两条"城市清风廊道",借此引入徐徐清风,大力改善空气质量,改善城市品质,以此进一步深化生态建设,让徐州全域挺起绿色发展的脊梁。

（2）综合开发利用煤矿塌陷区。

徐州市应根据不同类型的采煤塌陷区的特点和条件,采用农田治理、塌陷必覆、湿地景观开发、光伏发电、生态修复等方式,实现采煤塌陷区的生态环境治理和资源再利用。对于适宜种植农作物的采煤塌陷区,进行土壤改良、水利设施建设、地形整理等措施,提高土地质量和产量,恢复农业生产功能。例如,贾汪区潘家庵采煤塌陷区综合整治项目,就是采用"基本农田再造"的模式,将1.74万亩塌陷地变成了高标准农田。对于受到严重污染或退化的采煤塌陷区,进行污染治理、生态恢复、碳汇增加等措施,提高生态系统的功能和服务,为碳汇交易提供条件。又如,贾汪区潘安湖湿地公园项目,在对原有的采煤塌陷区进行整治的基础上,还建设了人工湿地净化系统和碳增汇监测系统,实现了水质净化和碳汇增加的双重效益。

（3）打造世界级极限运动场地。

徐州市西南角与淮北市交接处山体连绵共约40千米,可以进一步加以利用,开展山地自行车、大型攀岩等极限活动。这样一来,不仅可对原有开挖山体加以利用,还可以增加徐州的城市知名度,打造徐州本地的城市名片。

6.3.1.5　区域性文化片区的保护

骆马湖历史景观片区:骆马湖历史景观片区包括邳州市、新沂市以及睢宁县,京杭大运河以及故黄河在此交汇,片区内的历史景观资源与两条河流密切相关。其中重点保护资源包括窑湾古镇、古邳镇等。

微山湖-丰沛汉文化片区:该文化片区包括丰县、沛县以及微山湖生态旅游风景区,处于故黄河与京杭大运河、微山湖的围合之中,文物古迹众多,突出保护两汉文化特色。

6.3.1.6　重点文物保护区的绿化

户部山保护区:以建筑景观为主,绿化景观为陪衬,绿地规划重点是保护区周围的整体绿化。

北洞山保护区:将沿运河两岸各一百米宽的范围规划为古运河(在运河典型河段、在荆山前有荆山桥遗址)保护范围,绿化建设强调山地森林整体效果与景点的结合。

楚王山保护区:位于徐州市西郊夹河乡境内,其范围内含楚王山汉墓群、唐代古槐和北魏千佛洞。规划要求封山育林、禁止开山采石,将上述三景点组成楚王山公园。

云龙湖风景名胜区:取其山水风光之长,建成具有游览、娱乐、水上活动、疗养休息等多种功能的综合性景区。

另有楚王陵保护区、龟山保护区、白云洞保护区、回龙窝保护区、故黄河保护区等绿地规划,见公园绿地规划部分的内容。

6.3.1.7 重点自然遗产区的绿化

九里山白云洞:白云洞为石灰岩溶洞,以高阔的洞天、幽深的暗河、密集的景物为主,强化周边整体绿化、营造气势雄伟的洞穴奇观。

贾汪叠层石地质公园:以地层剖面景观、地质构造景观、山体景观、水体景观、洞穴景观为主,营造整体绿化,打造具有观赏价值、典型地质学意义的地质遗迹分布区。

6.3.2 新型公园文化创建

美丽和谐的景观是城市公园的建设目标。在这个阶段,公园文化不再只是地形景观的堆砌、园与林的结合、水和山的萦绕。新型公园是一个以植物为主体的休闲环境。它的景观要充分融入自然美景和自然意境。在提高景观效果、丰富园林文化内涵的同时,文娱建设和发展也是不容忽视的。现代公园以其综合性的功能满足游客的多种文化需求。公园文化主要包括生态文化、地域文化、红色文化和创新文化四个方面。生态文化是新型公园文化的本质属性,弘扬生态文明理念,保护自然生态系统。地域文化是新型公园文化的基础内容,展示各地区的自然风光和历史文化。红色文化是新型公园文化的重要组成部分,传承革命精神和爱国情怀。创新文化是新型公园文化的动力源泉,推动新型公园的改革创新和发展进步。

开展新型公园文化,区分利用绿地现状条件,开发出具有徐州文化特色的公园绿地,才能彰显徐州的风貌,对此,有以下建议:

(1)充分利用城区现有的自然资源,基于城市形态和历史文脉,有效合理地布局各类公园绿地,形成一个完整的城市公园体系。

(2)服务半径应合理布局,保证各类公园绿地在城市中均匀分布,提高居民生活方便度。

(3)重视公园绿地的生态属性,使城市与自然共生,生态效益与社会效益共同发展。

(4)公园绿地的活动内容应丰富多彩,各具特色,如此才能充分满足不同层次居民的游憩需求。

(5)加强公园绿地的环境及设施建设,其内容应考虑不同层次居民的需求,力求提高公园绿地功能的多样性。

(6)加强滨河绿带在城市绿地系统中的生态作用,利用绿带形成城市景观生态廊道,提高城市景观品位以及生态效益。

6.3.3 资源枯竭型城市转型

历史上的徐州,战乱频起。黄河夺泗侵淮等自然灾害,导致徐州的自然植被资源消失殆尽,几成"不毛之地"。到 1948 年年底,全市仅云龙山存有约 20 公顷山林。中华人民共和国成立以后,徐州市政府持续组织和实施绿化建设,但直到 21 世纪初,徐州生态环境底子差的面貌并没有从根本上得到改变。徐州市是"百年煤城",长时间的煤矿开采,以及大量的矿山采石宕口,让徐州产生了一个个"生态疮疤"。为彻底改变生态环境差的落后面貌,进一步优化城市生态环境,打造绿色生态徐州,徐州市依照生态学和系统学原理,进一步加大了对城市生态修复和城市园林绿化建设的力度,构建以山体为骨架,以河流道路绿带为网络,以大型公园为节点,以街头绿地和附属绿地为基础,点、线、面相结合的新型绿地系统,进一步均衡了城市绿地布局,城市生态环境在很大程度上得到改变。生态建设促进徐州完成一座资源枯竭型城市的转型,使其不必依靠当地的矿产资源发展,而是转型为自然风景资源的发展。

6.4 未来展望

6.4.1 实现城市绿地的结构优化与功能同步优化

城市绿地的宜居性是城市绿地的一个重要的属性,环境更加宜人、生活条件更加便利是城市绿地宜居性的重要体现。城市绿地的空间格局研究是对城市绿地的整个空间结构进行分析探讨,以景观生态学原理指导城市绿地空间研究,分析景观结构与景观功能之间的关联性,促进两者协同增益。而展示城市景观风貌独特性的城市绿地,其风貌功能也是需要提升的。对城市绿地的宜居性以及城市绿地的景观风貌进行分析研究是为了使城市绿地的功能性得到提升和优化。对城市绿地的空间格局进行研究则是期望通过对绿地斑块的布局研究,提升绿地的景观结构的自然连接、生态过程的连通延续、城市绿地的结构基础。从这三个方面进行分析研究,提出优化策略,从而实现城市绿地的结构优化与功能优化并行,以应对城市绿地的动态性发展。

6.4.2 实现城市绿地社会—经济—生态网络—文化综合规划

城市绿地的宜居性体现着城市的社会、经济等的发展,绿地的空间格局的规划能够使城市生态网络更加健全,绿地景观风貌则是展现城市文化的一个重要载体。故通过对绿地综合效益的全面考虑,从这三个方面对城市绿地景观进行分析研究,以期从自然生态、景观游憩、经济发展、文化建设等方面全面提升城市绿地景观规划,实现各方面功能的全面发展。

6.4.3 实现城市绿地景观科学规划

建立完备的科学研究体系,通过关联研究、定量分析、定性评价的研究方法,指引绿化建设管理方向,以期通过科学方法制定城市绿地建设策略,从而形成更加合理的城市绿地系统规划。

参考文献

［1］宗海静,史红改. 开放大学专业群建设研究［J］. 文教资料,2023(6):168-172.

［2］寇清杰,郑兴刚. 构建网络和谐社会需统筹兼顾［J］. 中国国情国力,2011(9): 27-29.

［3］刘华斌. 城市绿色廊道系统规划与安全评价研究［D］. 南昌:江西农业大学,2020.

［4］徐亚琼. 山水型城市公园绿地系统对城市特色景观风貌的塑造研究:以滁州市为例［D］. 合肥:安徽农业大学,2016.

［5］蔡晓丰. 城市风貌解析与控制［D］. 上海:同济大学,2006.

［6］唐源琦,赵红红. 中西方城市风貌研究的演进综述［J］. 规划师,2018,34(10):77-85,105.

［7］张继刚,吴学伟,曾倩,等. 城市策划中的城市特色探微［J］. 规划师,2009,25(7):10-15.

［8］吕斌,杨保军,张泉,等. 城镇特色风貌传承和塑造的困与惑［J］. 城市规划,2019,43(3):59-66,95.

［9］高梦薇,陈超群,李永华,等. 公园城市理念下城市景观风貌立法探究——基于国内外景观风貌立法的对比性研究［J］. 上海城市规划,2021(04):99-103.

［10］朱镱妮,朱海雄,李翅,等. 城市绿地系统景观风貌规划中的城市设计方法运用策略［J］. 规划师,2022,38(10):93-100.

［11］王旭. 资源型城市生态经济系统可持续发展研究［D］. 焦作:河南理工大学,2010.

［12］刘婷婷,戴慎志. 快速城市化背景下我国城市风貌特色营造的实现路径［C］//中国城市规划学会. 城市时代,协同规划——2013 中国城市规划年会论文集(04-风景旅游规划). 上海同济城市规划设计研究院,同济大学建筑与城市规划学院,中国城市规划学会工程规划学术委员会,2013:9.

［13］方豪杰. 新城乡规划法下的城市特色营造——以赣榆县城市特色塑造为例［J］. 现代城市研究,2009,24(6):45-49.

［14］尹仕美,肖风雪. 人文精神追求下的城市景观风貌规划策略［J］. 山西建筑,2018,44(25):16-18.

［15］赵梦蕾. 基于系统论的城市绿地景观风貌研究［D］. 南京:南京林业大学,2013.

［16］汪伦,张斌. 景观特征评估:LCA 体系与 HLC 体系比较研究与启示［J］. 风景园林,2018,25(5):87-92.

[17] 张丽英.基于多源城市大数据的城市传统风貌感知研究[D].北京:中国矿业大学,2019.

[18] 李继珍,彭震宇,易峥.基于营销视角的城市旅游意象感知评价研究:以重庆市为例[J].上海城市规划,2022(4):135-141.

[19] 吕永实,王明霞.试论基于生态基础设施的城市风貌规划[J].科技信息,2014(5):251,271.

[20] 戴宇.基于城市格局与肌理的城市风貌改造:以都江堰市等为例[D].成都:西南交通大学,2005.

[21] 丁美辰,柳燕,陶勇.基于网络图像媒介的城市景观风貌研究:以漳州市为例[J].城市建筑,2020,17(25):172-176.

[22] 王维翰.21世纪仿真技术在航空领域中的应用[J].民用飞机设计与研究,2001(1):1-4,40.

[23] 苏涛.基于GIS的广州中心城区城市特色风貌评价研究[D].广州:华南理工大学,2020.

[24] 张怀生.数字化建设中城市中心老旧小区地下管线探测研究[J].西部资源,2021(1):201-203.

[25] 丁美辰.城市景观风貌数字化规划模式研究:以漳州市城市景观风貌规划为例[J].福建建筑,2019(5):15-19.

[26] 余伟,叶麟珀,李星月.因观为景,由感而知:基于景观感知的城市景观风貌规划之创新探索[J].中国园林,2020,36(S2):138-141.

[27] 张继刚.城市景观风貌的研究对象、体系结构和方法浅谈——兼谈城市风貌特色[J].规划师,2007(8):14-18.

[28] 蔡晓丰.城市风貌解析与控制[D].同济大学,2006.

[29] 孙强.基于GIS空间分析的徐州市生态安全格局构建研究[D].徐州:中国矿业大学,2020.

[30] 仇玲柱.徐州市城市园林绿化风貌特色研究[M].北京:中国林业出版社,2020.

[31] 肖荣波,王国恩,艾勇军.宜居城市目标下广州绿地系统规划探索[J].城市规划,2009,33(S2):64-68.

[32] 李玺成.基于使用状况评价的社区公园研究[D].长沙:中南林业科技大学,2013.

[33] 席艺丹.基于生态服务功能的徐州市绿地系统综合评价与优化研究[D].沈阳:沈阳建筑大学,2020.

[34] 费文君,王浩,史莹.城市避震减灾绿地体系规划分析[J].南京林业大学学报(自然科学版),2009,33(3):125-130.

[35] 于会莲.昔日废弃矿山今日生态乐园[N].中国花卉报,2015-09-24.

[36] 师伟,陈歌.规划范围调整对某湿地公园的影响研究[J].林业勘查设计,2017(3):21-23.

［37］马英华,张玉钧.采煤塌陷地湿地生态旅游发展策略:以徐州市九里湖湿地为例［J］.湿地科学与管理,2013,9(2):21-24.

［38］高荣,张茜凤.徐州潘安湖国家湿地公园生态旅游资源综合评价［J］.安徽农业科学,2017,45(14):162-164.

［39］张海金.防灾绿地的功能建立及规划研究［D］.上海:同济大学,2008.

［40］王志楠.城市绿地系统景观资源整合研究:以扬州市城市绿地系统规划为例［D］.南京:南京林业大学,2010.

［41］袁松.资源型城市绿地系统规划创新与特色研究:以徐州市为例［J］.居舍,2018(27):109.

［42］马玉芸.城市景观风貌控制与规划方法探析:以广州市花都区为例［D］.广州:华南理工大学,2011.

［43］易涛.城市公共设施与城市形象相关性研究［D］.长沙:中南林业科技大学,2010.